一行禅师·著
贤祥/译

越用力 越焦虑

现代职场与家庭生活的情绪管理课

快乐、自由与爱
的源泉

海南出版社
HAINAN PUBLISHING HOUSE

版权合同登记号：图字：30-2015-065 号
图书在版编目（CIP）数据
越用力，越焦虑 /（越）一行禅师著；贤祥译 . --
海口：海南出版社，2016.4（2019.3 重印）
书名原文：The Art of Power
ISBN 978-7-5443-6493-5
Ⅰ．①越… Ⅱ．①一… ②贤… Ⅲ．①焦虑－自我控制 Ⅳ．① B842.6
中国版本图书馆 CIP 数据核字 (2016) 第 011093 号

越用力，越焦虑

作　　者：［越南］一行禅师（Thich Nhat Hanh）
译　　者：贤　祥
监　　制：冉子健
责任编辑：黄宪萍　张　雪
执行编辑：凌亚南　张宏伟
装帧设计：黎花莉
责任印制：杨　程
印刷装订：三河市祥达印刷包装有限公司
读者服务：武　铠　郄亚楠
出版发行：海南出版社
总社地址：海口市金盘开发区建设三横路 2 号 邮编：570216
北京地址：北京市朝阳区黄厂路 3 号院 7 号楼 102 室
电　　话：0898-66830929　010-87336670
电子邮箱：hnbook@263.net
经　　销：全国新华书店经销
出版日期：2016 年 4 月第 1 版　2019 年 3 月第 3 次印刷
开　　本：880mm × 1230mm　1/32
印　　张：7.75
字　　数：130 千
书　　号：ISBN 978-7-5443-6493-5
定　　价：39.80 元

编辑前言

疗愈孤独与焦虑的一剂良药

一行禅师的伟大之处，在于他以慈悲感人的爱语，巧妙地将佛法和禅的精神融入到了我们最细微平凡的生活中。没有宗教的神秘莫测，没有哲学的晦涩玄奥，只有深入浅出的明澈，以及扑面而来的生活气息。

在这个世界上，我们总是不可避免地陷入与人、与事物、与环境之间的关系之中，在关系中接受和施加影响，在影响中体验他者和自身的力量。

力量是我们喜欢的一个词，力量的对比常常决定着我们在世俗意义上的地位。我们从小就被灌输要在智力、魅力、能力、财力、权力等方面更胜一筹，于是在不停的攀比、嫉妒、自卑、竞争、恐惧中活得焦虑不安。

一行禅师提醒我们："力量唯独只在增进自己和他人的快乐时才有好处。"虽然追求力量本身并没有错，但倘若在这条道路上过于执着和用力，以致身心疲惫，与他人关系变得紧张，那岂不是得不偿失？

问题在于，我们总是过于专注对表面性力量的拓展，而忽视了对内心力量的建设。因此，心灵与行动都陷入一种盲目狂热而焦虑疲惫的状态。

我们害怕自己不及别人，于是过度地追求表面力量上的优越感。有些人甚至因为好胜虚荣铤而走险，触犯公德与法律，将生命推向荒唐可悲的境地。

然而过犹不及，人们必须学习一种掌控力度的艺术，才能让我们对力量的追求和行使带来快乐、和谐与友爱。正如一行禅师所指出的，这种掌控力度的能力源自心灵的意志力。因此，我们应该首先学习改变心灵的状态。

心灵通过意志能力产生意念来影响行动，改变心灵的状态就是要从培养正确意念处下功夫。所以，一行禅师大力倡导正念修行，通过培养正念并将正念贯彻于行动来改造我们的心灵。

在一行禅师看来，正念是一种平衡身与心、内与外、人与我的中道。人活着固然要寻求维系生存与发展的力量，但不应该以牺牲身心的安宁、当下的快乐、关系的和谐为代价。

正念产生正见，能使我们快乐地走在正道上；执念产生偏见，会使我们痛苦地误入歧途。如果我们时刻保持正念的觉察力，就能战胜各种执着偏见，从痛苦迷误中解脱，每一刻都感受到正能量带来的喜乐。

培养正念觉察力的关键在于深观。深观即是放弃执着和偏见，深入地观察事物的本质及其相互关系。深观能克服狭隘，将心比心，促成真正的理解。而真正的理解必将给这个世界带来慈悲与爱。

一颗浮躁不安的心是很难去深观的，深观需要心平气和的宁静。首先要使气和，不被负面情绪牵着走；其次要心专一，不因杂念诱惑而分神。唯有如此，才能让自己的心真正地与事物相联接。

一行禅师特别注重静心方面的训练。比如正念呼吸和正念行走便是用来训练和气与专一的。这种训练简单易学，几乎随时随地都可以进行。一旦真正静心，便有能力深观，进而培养正念，产生正见，践行正道。

个人的觉醒带来疗愈，集体的觉醒创造和平。一行禅师认为每个人都可以参与觉醒的工作，帮助社会启蒙觉醒。我们应该通过个人的修行去影响和带动家庭、职场、社会乃至全人类的集体修行和转化。

现代社会过分强调生存竞争，各种片面诱导、断章取义的成功学读物泛滥，使得人人自危，备受压力煎熬和孤独疏离之苦。一行禅师的这套系统完备的修行理论及方法，实在是疗愈现代人孤独与焦虑的一剂良药。

张宏伟　谨识

目　录

Chapter 2

真正的力量在于帮助自己和他人解脱痛苦 / 25

弃舍的另一说法，就是“放下”。要逐渐转化欲望、愤怒、恐惧和妄想。如果不具备这种自驭的能力，就会给自己和别人造成巨大痛苦。

Chapter 3

正念的奇迹就是让我们完全活在当下 / 37

佛陀说：“过去的已然过去，未来的还没到来，你只活在一刻，即当下的这一刻。”如果你错过当下这一刻，就无法与生命相约。

Chapter 5

快乐就是感受到每一刻都走在正道上 / 79

如果不知道自己走在正道上，不知道往何处去，就会遭受痛苦，感到迷茫和困惑。快乐就是感受到自己每一刻都走在正道上。快乐就在当下，无须走到终点才能获得。

人的一言一行也许是因为缺乏观照与理解使然，惩罚他们只会让情况更严重而已。

Chapter 8

我们需要训练，才能擅长当下正念分明地生活。不要试图把自己的修行方法强加给对方，只要不拘泥于形式，正念地练习如何深刻过日子就好，不用跟别人说你在修行。

序 言

改变心的状态

唤醒内在良善

2001 年 1 月，我很荣幸陪同一行禅师和他的长期助手真空比丘尼（Sister Chan Khong），出席在瑞士达沃斯召开的世界经济年会。一行禅师和其他受邀的世界著名宗教领袖齐聚一堂，共同探讨如何将精神价值用于解决全球问题。

会上，一行禅师以爱、慈悲和全然无畏的精神，向约三十位国家元首、两百位世界富豪和数以千计的最有权势的人发表演讲。他到会的目的不是为了寻求这些达官贵人的支持或认可，而是希望唤醒他们内在最良善的一面，帮助他们通过洞察真实的自己，去改变世界。在这场展现财富和权力的盛会上，一行禅师发出了轻柔、平和的声音。他对他们无所要求，只是提醒他们牢记自身具备共同良善的人性。世界经济论坛在其网站上自豪地打出“改变世界现状”这一口号。那天，在瑞士达沃斯，一行禅师吁请大家“改变每颗心的现状”。

充满理解与爱

一行禅师一生都在向当权者和无权者揭示生命的真相。他是一位意志坚定的改革者，却从不要求我们愤怒地攀上高墙。他的改革充满着人文精神，充满着理解，充满着爱。一行禅师 1926 年出生于越南，16 岁剃度出家为僧，成长的年代备受战争的蹂躏。一开始就显示出他不仅能承揽多种事务而且事事精通的才能。现在他是名满天下的僧人、学者、诗人、作家、改革者和社会活动家。他在年轻备受痛苦折磨时，就已磨炼出身兼多职的能力。他亲身经历过 1941 年日本侵越战争、二战结束时法国第二次殖民战争，以及随后的游击战争，即美国的越南战争。

身为一名改革者和活动家，一行禅师协助建立了多个开拓性机构，如印光佛学院(后成为越南著名佛学研究中心之一)和贝页出版社(越南著名出版社之一)。他还创办了青年社会服务学校，这个学校被美国媒体誉为“青年和平组织”。在战争最为激烈的岁月里，一行禅师和他的助手真空比丘尼，同数以千计的青年，包括许多僧尼，冒着生命的危险进入农村开办学校和医疗诊所，以及重建被战争毁坏的家园。在这个时期，一行禅师还担任了佛教联合会(Unified Buddhist Church)官方出版物的主编，同时写了多部诗歌、佛教心理学和社会评论著作。

为和平而工作

1966年，一行禅师前往美国呼吁和平。在美国期间，他向美国大众说明了沉默无语的越南人民心里怀着的愿望，以及他们所遭受的深重的痛苦。同时，他还会见了美国许多重要的人，包括曾提名他角逐1967年诺贝尔和平奖的马丁·路德·金。1969年，一行禅师带领僧人和平代表团前往巴黎，参加结束越战的和平谈判。1973年，由于他为和平所做的工作，他被禁止回国，但是流亡海外并没有阻止他继续为和平努力。

一行禅师在西方生活的四十多年间，逐渐成为世界上最具影响力和最受尊敬的精神领袖之一。他不但在越南筹建一百多所学校，支持多个村庄改建项目，而且在全世界继续开展和平和社会正义活动，针对艾滋病和伊拉克战争等问题发表自己的主张。

一行禅师出版了一百多部著作，现已被翻译成三十多种语言印行，加上全年开展的各项教学，使得他在世界的影响力与日俱增。他在法国西南部的梅村道场，指导过无数个僧众和尼众团体，以及五大洲的在家众(即居士)。2005年，他阔别39年后第一次回到祖国的怀抱。

生命的真正力量

在《越用力，越焦虑》这部新作中，一行禅师从一个不同于西方大多数传统哲学家和思想家的角度，探讨了力量这一主题。自从两千五百年前古典希腊时期以来，力量这个主题以及力量的正当使用或者滥用，一直是西方文化争议的中心课题。

数千年来，人们对力量这一主题的探讨，主要集中在国家的权力垄断、权力运用是否符合法定程序以及掌权者的合法性和行为规范这几个方面。数个世纪以来，已有无数部著作论述了关于权力的各种技巧，以及如何获得权力、运用权力和掌握权力。

然而，在本书中，一行禅师是从力量的根基这一最根本层面开始探讨的。他从我们内心深处的意志力开始论述，并向我们解释说，任何目标的达成必定依赖我们心智成熟的条件和品质；完好的意向和清晰的心智是获得真正力量的先决条件。他还提醒我们注意一个久被遗忘的明显事实，即具有清晰的心智并关爱他人的人，尽管拥有的力量看似非常渺小，实质上是很强有力的。他清楚地说明，任何人本质上都有爱和良善的意向，同时要求、建议、劝告和激励大家回到爱和善的初始源泉。

一行禅师曾经目睹过战争和战争带来的无穷灾难，对于人们因争权夺利而变得腐败堕落非常了解。他就像走出沙漠面见所罗门王的利未先知一样，提醒大家：所有的力量，尤其是巨大的权力，里面都蕴涵着毁灭自身的种子。如果你拥有的力量不能给你带来快乐，给你所爱的人带来安详和幸福，那么这种力量，不论多大，都是毫无用处的。

一行禅师问我们：如果我们遭受愤怒的压制和恐惧的折磨，我们怎么能说自己拥有力量呢？同时通过挑战我们的观念，使我们认识到：**真正的力量只有在心智清晰和心灵宁静时才会到来；如果我们不能控制自己的思想，我们将会沦为恐惧、情绪和欲望支配的奴隶，听任其摆布，施展不了任何力量。**果真如此，那就不是我们在掌控力量，而是力量在掌控我们。

走在正确的道路上

一行禅师大胆声明，每个人生来就具有摆脱恐惧、欺骗和专横的能力，不管是从外在，还是从同样重要的内在，都能做到。对他来说，权力的专横和内心痛苦的肆虐，以及专横所带来的严重后果，都是可以克服的。他告诉我们，解决权力专横的有害性这一个老问题的稳妥办法，就是建设一个人人坚强、快乐、自由而且心智敏锐、健康的社会，确保生活在其中的人既不担心没有权利，也不害怕丧失权利。

在本书中，年届85岁高龄的一行禅师，给我们指明了如何处理无权与权力腐败之间矛盾的严重危害，以及如何获得真正的力量。一行禅师一如既往地走自己的道路，并告诉我们："我做到了，朋友们，你们也能做到，我们大家都能做到。"他说，在心怀慈悲决定治理世界的时候，要先鼓起勇气从自身开始做起。

普里塔姆·辛格（Pritam Singh）

前 言

当下快乐的力量

力量对我们有什么意义呢？为什么大多数人都竭尽所能地去获得力量？即使我们没有意识到，大多数人也在寻求拥有力量，因为我们相信，拥有力量就可掌控我们的生活状况，得到我们最想要的自由和快乐。

当今世界对力量的定义，仅局限于财富、成就、名声、体能、军事势力和政治操纵。亲爱的朋友，除此以外，还有一种力量，即当下快乐的力量，可以使你们免于沉迷、恐惧、绝望、歧视、愤怒和无知。这种力量更为强大，而且与生俱来，不管有没有名气、贫穷还是富裕、强大还是弱小，都一概拥有。下面我们就一起来探讨这种非凡的力量。

人人都希望强大和成功，可是达到这个目标会耗尽我们的心力，导致我们和他人的关系变得紧张，我们又怎么能真正享受事业的成功或奢华的物质呢？这样真是得不偿失。精心过好生活，过得快乐，有时间照看我们心爱的人，这就是一种成功，也是一种力量，而且更加有意义。世上只有一种成功至关重要，那就是成功地改变自己，转化痛苦、恐惧和愤怒。这种成功也是一种力量，对我们和他人都有益，不会造成伤害。

渴望获得力量、名声和财富并不是坏事，但是我们要知道，我们追求这些只是为了过得快乐。如果你有钱有权，却过得不快乐，那么有钱有权又有什么用呢？我们可以通过本书中的一些简单、具体和有效的练习，来培育一种真正的力量，以便我们获得当下的自由、安全和快乐。这对我们、我们的家庭和社区、我们的社会和地球都是有好处的。

我们心怀培养理解、悲悯天下的这种抱负，赋予自己一种美好的能量，使我们生活得有意义。之前许多位导师，比如耶稣、佛陀和摩西，都曾有过悲悯天下的抱负。今天，我们同样也有实现和平、减轻痛苦和帮助他人的强烈愿望。我们曾见过，有人能救治数千人，乃至数百万人的痛苦。我们每一个人，不管是工人、政客、女服务员、商人、演员，还是当足球教练的父亲，都有救治他人这种深深的愿望。然而，有一点需要牢记，那就是要实现美好的抱负，首先要照顾好自己。要将快乐带给他人，自己必须先要有快乐。因此，我们先要照顾好自己的身心。只有当我们身心稳健时，我们才能表现最佳，照顾好所爱的人。

如果我们活着没有觉知，不能真正看见周围的世界，那么就像一列失控的火车。这种情况在职场生活中尤其多见。如果我们被工作拖住，就会忙个不停。这样，我们不仅个人生活过不好，工作也做不好。我们工作做不好，个人生活也跟着过不好。沉重的工作负担、不切实际的最后期限、棘手的工作情况、持续不断的压力和担心被解雇，这些都会造成工作上的痛苦，还会影响个人的生活。对此，似乎没有人能帮得上我们，但是我们不必非要如此。我们可以通过培养心灵力量或真正的力量，以及将正念带到日常生活中，彻底提升我们的工作品质和生活品质。

正念就是完全地活在当下，觉知自身内在和周边发生的事物。运用书中所讲到的简单练习来训练心智，集中注意力，不但能使我们工作更有成效，而且使我们更加放松和更有活力。我们有足够的时间去关注我们身边重要的人和事物，每一刻我们都可以过得很充实，心里清楚这一刻就是美妙的一刻，就是我们真正拥有的唯一的一刻。

我们只要集中心灵的力量，就能将企业净收益转变为包含慈悲在内的收益。我们不必什么收益都不要。慈悲能带来经济收益和事业成功。我认为，优秀的企业对赢利的定义，要考虑到它是否对其他企业和地球产生影响。企业在考虑如何赢利时，如果保持正直诚实和关心世界的心态，那么员工会更加快乐，满意的客户会更多，而且赚的钱也会更多。《财富》杂志每年都会选出 100 家最适合员工效力的公司。这些公司在各方面都很成功，每年都参与医疗保健和儿童托管，安排员工休假，尊重自然环境以及实行利润分成。这些受人尊敬的公司都明白：在员工和更大群体的身心照料上投入金钱、时间和精力，对公司的健康发展和赢利极为关键。

大多数政治家以及从制药行业到多媒体技术开发的许多企业，都开始抱有减轻人们的痛苦的愿望，而这种愿望、抱负需要一直保持下去。忽视其他动机去获得高额利润，企业就会自取灭亡。Enron、Tyco 和 WorldCom 公司因欺诈行为垮台的事实，提醒着我们要注意这点。因此，以慈悲和仁慈规范职场生活尤其重要。没有慈悲，就没有快乐，不管你多么有钱，都没有快乐。此时，你孤独无助，沉溺在自己的世界里，无法与人沟通或理解别人。以慈悲为代价追求利润，不仅伤害你自己，而且伤害到其他人。

只要深入观照，就会看到世界的痛苦，并认识到自己内心有减轻他人痛苦的愿望，还会认为将快乐带给别人是此生最大的快乐和成就。在选择培养真正力量的时候，不必放弃内心向往美好生活的愿望。这样，你不仅生活得满意，而且感到快乐和放松，同时能减轻他人的痛苦，把快乐带给大家。

Chapter 1

执着将我们变成
孤独焦虑的现代人

我们许多人相信，没有钱和权，是不可能快乐的。于是，我们就牺牲当下去换取未来，而不能深入地活在日常生活的每一刻中。

弗雷德里克离不开工作

按传统标准来说，弗雷德里克是个有实力的男人。他是公司总裁，待遇丰厚，对自己的崇高理想引以为傲。然而，他却无法真正关注自己、妻子克劳迪娅，以及两个幼小的儿子。总是有一种无形的力量，驱使着他做得更多、好中求好，以及关注未来。有一次，他的小儿子笑着向他走来，给他看自己画的一幅画，弗雷德里克脑里想着各样的事，为工作而担忧，以致没有真的把儿子视做心肝宝贝和人生的奇迹。他下班回到家，拥抱克劳迪娅，都心不在焉。他尝试过几次，可就是无法专注拥抱。克劳迪娅和孩子们根本感觉不到他的存在。

起初，克劳迪娅完全支持弗雷德里克的事业。她对做他的妻子很自豪，而且还乐于置办家庭宴会和其他社交活动。她像他一样认为，只要出人头地，赚很多钱，住很大的房子，就可以过得很快乐。克劳迪娅聆听丈夫诉说，理解他的困境和难处。有时候他们聊到深夜，聊的都是他的忧苦。只要他们在一起，关注的就不是自己、自己的生活、自己的快乐以及孩子的快乐，而是公司的事、他工作上遇到的困难和麻烦，以及他的恐惧和不安。

克劳迪娅倾尽心力支持丈夫，但由于丈夫压力的不断增加和对家庭的漠不关心，最终使得她身心疲惫、无法忍受。他连照看自己的时间都没有，更不用说照看他的妻子和两个孩子。他内心特别想和他们在一起，却又想到自己花不起这个时间。他没有时间好好呼吸，欣赏月色，以及享受漫步的乐趣。人们都认为弗雷德里克是公司的老板，但真正的老板却是他内心那股出人头地的欲望，这种欲望迫使着他以百分之百的时间和专注的精神努力工作。

孤苦的克劳迪娅

克劳迪娅孤苦伶仃，她的丈夫对她存在与否真的没有注意过。她照看孩子，忙于家务，志愿去做慈善工作，花时间和朋友相处。她选修研究生课程，然后去做心理治疗师。虽然她做这些填补了内心的空虚，但是婚姻中却缺失丈夫的关爱和支持。她的两个儿子对父亲经常不在家也感到不理解。他们想念他，经常要求他来陪一下自己。

有一次，他们的大儿子菲利普上医院做心内直视外科手术，克劳迪娅一人陪伴他长达七个多小时，因为弗雷德里克根本离不开工作。即便是克劳迪娅到医院做切除良性肿瘤手术，弗雷德里克也未能前来照应。

然而，弗雷德里克认为，努力工作才会把事情做好，而且这么做是为了家人和依靠他的同事们。他感到有责任做好本职工作，而工作会使他有成就感与满足感。而且，他心里还有一种强烈的自豪感，他自豪于功成名就，还能作出重要的决定，以及获得丰厚的收入。

克劳迪娅经常要弗雷德里克放慢工作节奏，花时间照顾自己和家人，好好享受生活。她还说，她觉得他已经变成工作的奴隶。她说得对。他们在环境优美的地段有一套豪华的私宅，还有一个绿意盎然的花园。弗雷德里克喜欢园艺，但是他在家的这点时间没法侍弄园中花木。弗雷德里克对克劳迪娅的请求总是这么回应，他说自己喜欢工作，公司没有他不行。他常常对她说，再过几年等他退休后，会有足够时间照顾自己、她和孩子。

五十一岁那年，弗雷德里克出了车祸，当场丧命。从此，他再也没有机会退休了。他认为自己是不可替代的，但公司只花了三天时间就找到人接替他的职位。

我是在正念[①]禅修营见到克劳迪娅的，她向我讲述了她丈

---

① “正”意为“正确的”“正直”“端正的”，指不弯曲歪斜；“念”，上面是“今”，表示“现在”，下面是“心”，表示“心灵”，意即“忆念”，就是记得要回到当下。正念就是完全地活在当下，觉知自身内在和周边发生的事物。

夫的经历。尽管他们功名财富都不缺，但他们不快乐。然而，我们许多人相信，没有钱和权，是不可能快乐的。于是，我们就牺牲当下去换取未来，而不能深入地活在日常生活的每一刻中。

我们常常认为，如果我们大权在握、事业有成，别人就会听从我们，我们还会有很多的钱，做什么都可以随心所欲。但是，如果我们深入观照①，就会发现弗雷德里克没有自由，无法享受生活，没有时间去爱自己的亲人。他一心扑在工作上，因而没有时间深呼吸，好好微笑，抬头看看蓝天，以及接触生命中所有的奇迹。

“给孤独”的爱与快乐

要想事业有成，握有世俗权力，同时心满意足，是有可能办到的。在佛陀时代，有一位很有权势而且心地善良的商人，名叫给孤独。他是佛陀的弟子，总是尽力去理解和关心他的工人、顾客和同事。由于他慷慨大方，好几次遭遇强盗，都是工人们救了他。眼看一场大火就要烧毁他的家当，工人和邻居冒着生命危险扑灭了火。他们如此保护着他，是因为他们视他为

① 指以智慧静观世界而照见事理。

兄弟、为父亲，他的生意因此蒸蒸日上。他在生意破产时也未曾受过苦，因为朋友们见他有难，就帮他迅速重建事业。他在经营生意时，有精神方面的追求。由于他激励人心，且善于体贴，他的妻子和孩子也和他一块禅修，关心穷人。从此，给孤独成为一位大慈悲[①]的菩萨[②]。

给孤独感到快乐，不是因为他的财富，而是因为他心中有爱。他让爱成为他的动力，推动着他向前。他花时间照顾妻子和孩子，花时间参加僧团[③]，与出家众（即僧人）和在家众分享理解和爱。“给孤独”的意思是“帮助穷困潦倒、孤苦伶仃者的人”。人们之所以给他取这个名字，是因为他心怀慈悲，知道如何去爱和照顾自己和家人，以及自己的同胞。他总是帮助处在困境中的人，因此交了很多患难与共的好朋友。

给孤独对友谊、家庭和僧团投入了很大心力，因此有足够的时间爱护他所爱的人。他很快乐地服侍佛陀和僧团。只要有人谈到僧团、谈到穷人、谈到他的孩子，他的眼睛很快就会亮起来。

---

① “慈”梵文maitri，译为“爱”或“仁慈”，佛教的本意为“友谊”，即给人快乐、喜悦的愿望与能力；“悲”，英译为“compassion”（同情），即解救、转化苦与减轻悲痛的愿望和能力。慈悲心，是希望所有众生离苦得乐，相当于“同情心”。

② 译为“觉有情”。菩萨既是已经“觉悟的众生”，又是以觉悟他人为己任的有情。

③ 指信受佛法、修行佛道的团体，也称僧伽。

依我看，大多数人说的“赢利”，其实就是爱。如果我们只渴望权力和名望，我们不会像给孤独那样快乐。给孤独是个内心充满爱的商人，爱就是他安身立命的基础，而这正是他快乐的原因。

快乐的秘诀，就是每天滋养爱

我们通常是出于对家庭和社团的爱去工作的。一开始，我们的发心是好的。慢慢地，我们的这种发心在追求工作成就中消失磨灭了。因此，渴望成功、权力和名望，取代了我们对家庭和社团的关注。此时，我们开始失去快乐。保持快乐的一个秘诀，就是每天滋养爱。不要让成功或对钱和权的渴望，取代你的爱。起初，弗雷德里克爱他的妻子和孩子，并且是以这种爱开创事业的。然而，他背弃了自己，让成功的欲望超出他对爱的需要。如果你回想自己，发现对成功的渴望超出对所爱的人的关爱和照顾，你就会明白自己已开始步弗雷德里克的后尘。

我们从佛教来看力量，会与其他世人所看的角度不同。佛教徒与其他人一样关注力量，只是佛教徒对带来快乐，而不是带来痛苦的力量感兴趣。

通常，人们追逐的是经济权力和政治权力。许多人认为，若获得这些权力，他们就能做很多事情，并且使自己快乐。深入观照后，我们就会发现遭受极大痛苦的人恰恰是那些追逐权力的人。首先是在追逐中受苦，因为很多人都在奋力追逐同样的权力。我们认为奋力追逐的权力稀有珍贵、难以琢磨，只有让别人付出代价后才能取得，即便是取得这样的权力，还是觉得权力不够大。我见过很多有钱人，他们个个位高权重，却一直都不快乐，有些甚至自杀了。因此，名、利、权多少都会给人带来点快乐，可是如果没有爱，即便你的名、利、权再多，你也不可能完全快乐。

美国总统的两难境地

世上有谁的权力比美国总统大？美国总统是世界最强大的军队的总司令，是世界最富强的国家的元首。拥有如此大权力的人并不多见，但并不能说美国总统就是个快乐的人。即便他拥有这些所谓的权力，我认为，他照样会感到没有力量，照样承受着极大的痛苦。他在对伊问题上陷入两难的境地：是继续在伊拉克作战还是撤兵？无论是继续作战还是撤兵，都是个艰难的选择，这好比是吃的东西卡在喉咙里，吐不出来，咽不下去。我觉得，美国总统肯定睡不好觉。每天都有年轻人死在伊拉克，他怎么可能睡得好觉？数十万人都因为他的政策而死去，他怎么可能没有梦魇纠缠？幸运的是，你不是美国总统。如果你是的话，现在就会苦不堪言。显然，这些政治领导人行使权力时，没有以慈悲和理解为基础，因而使自己的国家和其他国家遭受苦难。

喜欢禅修的执行官

几年前，美国一家大公司的执行官来到佛蒙特州青山禅修中心，跟我以及一些僧侣禅修两天。一天早上，我在禅堂带领一个有导引的禅修，恰好看见他也在场。随后，他跟我们谈起亿万富翁的生活。他说亿万富翁心里也有很多痛苦、担忧和疑虑，认为大家只为了钱而来，想利用他们，结果他们一个朋友也没有。这位执行官有很多政治关系和经济资源，但是他来这里培养心灵力量。我教了他一些方法保持平静，以及如何呼吸、走路。他参加了坐禅、行禅①和饮食禅。早餐后，他还洗刷自己用过的碗。我想，他肯定有私人保镖，不过到寺里来没

① 就是以步行的姿势来作禅修，内心安住在步行动作之中，时时对动作保持清楚觉知。

让保镖陪同而已。我给了他一个小磬，以便他在困难时刻听听磬声，回到呼吸，恢复安静。我不知道他回去后是否还能继续禅修，因为在商业世界里他非常孤单，没有什么群体支持他。他生活的世界，因为节奏快变得非常严苛和忙碌。

爱才是快乐的关键因素

因此，**有个事实我们必须认识到：若没有爱，或没有维持这种爱的强烈愿望，不管是多么有钱或有权，照样不会快乐**。只有和其他人、其他生命接触，才会快乐。如果困在自己的世界里，就会孤单一辈子，既没有人关心自己，也不去关心他人。爱才是快乐的关键因素。

不仅个人会出现这种情况，国家也是如此。有许多国家都在追求经济发展和物质进步，我对发展进步的定义是人民是否感到快乐——那种真正的快乐。如果遭受很多痛苦，那有再多的钱也没有用，这样的人也就成为成功的牺牲品。至于是否进步，要用真正的快乐来衡量。一个国家也许能保持国力强盛、经济发达，被称为超级大国，但是这个国家的人民却仍然遭受着极大的痛苦。这样的国家，对物质财富要比对人民的健康和快乐更为重视。遗憾的是，生活在其中的人对自己以及所爱的人都没有时间照顾。我认为，文明社会的标志，就是人们有时间过好日常生活，并关爱和照看家人以及所居住的社区。

五大心灵力量

佛教将大多数人称为力量的东西定为“欲”。五欲指的就是“财、色、名、食、睡”。佛教说的五种真正的力量或能量，指的是“信、进、念、定、慧＂，即是信念的力量、精进的力量、正念的力量、专注的力量以及智慧的力量。这五大心灵力量是真正快乐的基础，后面会讲到各种力量的具体原则。

一、信念的力量

第一种力量是信念的力量。如果心里有信念的能量，你就会坚强有力。耶稣在福音里说，有信念的人能移动山。“信念”一词兼有“信心”和“信任”的意思，因为它来自人的内在，而非指向外在的东西。临济禅师常对弟子说：“对自己没有足够信心的人，会向四处寻求外物。你必须相信自己能成佛，能转化和治疗。”

信念，就好像一条道路，引领人通向自由、解脱①，并转化

① 指解除烦恼，摆脱束缚，从而获得身心自由。

痛苦。若见到这条道路，并继续在路上前行，就会拥有一种力量。没有见到道路的人，往往徘徊不前，内心痛苦，不知去向何方。

如果有一条路曾引领过你走向好的去处，你就会相信这条路。拥有这条路，你会为此高兴不已，并且开始拥有力量。这种力量不会毁灭你或你周边的其他人，事实上，它赋予了一种其他人能感觉到的活力和能量。拥有信念之时，目光会变得炯炯有神，步履也会铿锵有力，这就是力量的表现。生活中的每一刻都可以产生这种力量，它会给你带来许多快乐。

运用某种禅修的方法，并发现这种方法有效，就会带来正念、专注和快乐，信念和信心也由此而生，而非来源于其他人告诉你的事情。这种信念和信心既存在于观念中，也存在于禅修的具体结果中。一旦熟练掌握正念呼吸（详细解释见第三章和附录一），就会感到轻松、踏实和自由，并且由这种经历产生信心。这不是迷信，也不依赖你身外的他人。信念的能量能带来无穷的快乐。如果没有信念，没有信心的能量，就会遭受痛苦。

如果仔细观察，就会发现觉醒、慈悲、理解的能量早已在我们心中。如果把这些能量看做是自身存在的固有部分，就会对这些能量有信心。若是知道如何禅修，就能释放出这些能量，保护自己不受伤害，并且能如愿以偿。

二、精进的力量

第二种力量就是精进的力量。通过禅修虽能回到最佳、最高的自我状态，但必须持之以恒去做。不要分心，也不要忘记去做。在家人、朋友、社团的支持下每日固定去禅修，就是一种精进。若是每日练习坐禅、行禅、正念呼吸、正念饮食，就会得到源源不断的滋养，这就是第二种力量的源泉。虽然你会练习正念，但你的动机不是要证明你有这种能力。关键不是要证明自己，而是为自己的安乐着想。只要保证每天都能禅修，就行了。

精进有四个方面。第一个方面就是当负面情绪没有生起时，不要让它有机会显现。佛教心理学把心识分为两层：下层为藏识[①](store consciousness)，上层为意识。意识指的是一般清醒的心智，藏识就是潜意识。

藏识就像土地，里面保存着很多种子。我们的藏识里既有喜悦、宽恕、正念、专注、洞察和平等的种子，也有愤怒、憎恨、绝望等种子。所有这些种子都在藏识里保存，藏识其中的一个功能就是保存种子。

---

① 根据佛教心理学，心识分为两层：上层为意识，好比“客厅”，下层为“藏识”，好比“地下室”。藏识里既有喜悦、宽恕、专注的种子，也有愤怒、憎恨、绝望的种子。

藏识里的种子被浇灌后，就会以能量的形式出现在意识中，变成某种心行[①](mental formation)。你有愤怒的种子，但当种子蛰伏在藏识中，你不会感到愤怒。然而，一旦触动这颗种子，它就会变成愤怒的心行，你会感受到愤怒的能量释放出来。我们设想一下，意识是客厅，藏识是地下室。要是我们浇灌喜悦的种子，它就会在上层意识里出现，使客厅更美。要是浇灌了愤怒或憎恨的种子，就会使心的客厅变成我们和所爱的人的地狱。

我们每个人的内心里都有愤怒、绝望、嫉妒的种子。如果是在负面的环境里，这种环境会触发这些种子；如果是在正面的环境里，贪欲、暴力、憎恨、愤怒的种子不会被接触，也不容易得到浇灌。因此，聪明的做法，就是选择一个好的环境，避免这些负面的种子经常被接触。你不应让身边的其他人接触到这些种子，也不应让自己浇灌它们。

每当读到充满暴力的文章，或是看到血腥的电视电影镜头，就会萌发暴力的种子。精进的第一步，就是不要萌发这些负面的种子，也不创造滋生它们的环境。此处“精进”的意思是，要有选择性地浇灌种子。藏识中的负面种子没有显现的

---

① 即心所，存在于识中的“行”，指的是与心相应而起的各种心理作用。“行”，即“形成”的意思，指的是因缘和合时所显现的事物。比如愤怒，就是一种心行。

话，就让它们待在那儿，不要去浇灌它们。日常生活中，小心不要让它们有机会显现。不要压制它们，只是不给它们机会。**在社区和家庭里，只让自己去接触那些触及心中有益元素的声音和景象，尽量避开刺激心中欲望或愤怒的种子的声音和景象**。要做到这一点，不仅需要精进，可能还需要具有相同价值观的社团和朋友一起来营造一个好的环境。鼓励你的伴侣、孩子、朋友，一起来帮助你保护自己；还可以通过创造一个环境来自我保护，不让他们接触到浇灌负面种子的事物。

精进的第二个方面，就是使意识里的负面种子镇静下来，并设法取代它们。在绝望、愤怒、暴力等负面的种子被触发之际，必须知道如何让它不再继续显现，并使之回到种子的原始形式。不要让负面种子在意识的上层停留时间太长，否则，它会变得越发强大，造成毁灭性的灾难。面对负面能量，无须压制或对抗，就可以让它保持镇静。方法有很多，比如觉察它，对它微笑，让好的一面出来取代它；还可以读些激励人心的文字，聆听美妙的音乐，到大自然某个地方去，或者去行禅。

这就好比是你放错了一张 CD，播放的是你不喜欢的音乐，你用另一张替换它。新的 CD 开始播放，那音乐是悦耳动听的。佛陀那个时代没有 CD，他以更换木钉为喻。木匠用木钉拴住两块木头，木钉烂掉后，两块木头就会松散开来，因此木匠拿掉旧的，换上新的。同样，你也可以换掉带来痛苦的想法，如果想法是负面的，充满欲望、愤怒的，就用正念呼吸接触有益的种子，促使它生长。如果这颗有益的种子足以引起你的兴趣，那么使你不快乐的种子就会枯萎。然而，新种子还要继续吸引你，否则，令你不快乐的种子就会留下来与之搏斗，赢得你的注意。改变这一状况，就要巧妙地、精进地修习第二步，促使负面的心行回到休眠状态，让正面的种子开始萌发。正面的心行生起后，充满整个客厅，负面的客人就难以侵入。

精进的前两个方面关注的是照看负面的种子，第三、第四个方面则是滋养正面的种子。精进的第三个方面是不断促使好的种子萌发。**每个人心中都有爱的种子、宽恕的种子、喜悦的种子、安宁的种子和快乐的种子**。**学着去接触它们，帮助它们萌发**。要是居住在一个充满爱心的、健康的社区环境里，就会有很多机会帮助这些正面种子萌发。

觉醒、理解、慈悲的种子一直都在我们的心中，它们是我们内在本性的一部分。问题是如何帮助这些种子萌发。如果藏识里的正面、有益的种子没有萌发，就设法促使它们萌发。通过阅读、说话、看事物，浇灌仁慈的种子，让它在心中萌发。安排好生活，以便一天有几次接触到好种子，这些种子就会在意识层萌发。不需要什么时间，就可以做到这一点。经常邀请美丽的“嘉宾”到客厅来坐坐，整个状况就会大为改观。

精进的第四个方面是尽量让好的心行在客厅时间久些。我们必须滋养它，必须将它放在心里。要是慈悲、喜悦、安宁的种子以心行的形式出现，你就好好让它在那儿待着，不要回到地下室去。要是有好友到访，就请他待久些，因为他会给你带来很多快乐。有个好朋友在客厅陪着你，你会感到惬意。要是下雨，不妨说："亲爱的朋友，外面下着雨，留下来喝杯茶吧。"尽量劝好朋友待的时间久些。好的心行待在意识层面越久，它的根基就越牢固。这不仅适用正面的种子，也适用负面的种子。如果你在客厅款待欲望五分钟，欲望的种子就有五分钟的时间生长。尽快让欲望的种子回到地下室，让有益的种子上来。

善巧地运用前面所讲的禅修创造正念，就是真正的精进。真正的精进，会给你和所爱的人带来无穷无尽的喜悦和快乐。精进的人是强大有力的，不仅能转化自己，还能转化社区、环境和世界。

三、正念的力量

第三种力量是正念的力量。正念是一种觉知当下的能量。如果内心有正念的能量，就能完全活在当下，过好日常生活的每一刻。不论是做饭、洗衣服、打扫、坐着还是吃东西，都能产生正念的能量。拥有正念的能量，不仅知道哪些应该做，哪些不应该做，还可以避免困难和错误，让你受到保护，并把光亮照在全部的日常活动上。

正念是一种认识事物如其本然的能力。正念专注时，就能认识到当下发生的事。当你认识到正面事物时，就会喜爱它，还会通过这种认识来滋养和治疗自己。当有负面的事情发生时，保持正念专注，就能接受它、化解它，得到些许宽慰。正念的能量可以抑制痛苦、愤怒、绝望，如果知道怎么长时间抑制痛苦的话，就能减轻痛苦。

如果失去正念的力量，我们就会失去一切。没有正念，我们赚钱花钱，利用名声和军事权力，都会毁掉自己和他人。

我们每天都会走路和吃饭，但我们走路时常常不是真的在走路，项目繁多的工作和各种担心忧虑，使得我们难以集中精神，没有自由。要是我们正念地走路，专注在当下，不再后悔过去或者担心未来，我们就会接触到生命的奇迹，每一步都走得开开心心的。有了正念，我们就不必对现有的生活方式感到遗憾。正念可以帮助我们看到、接触到我们所爱的人。正念的能量让我们回归自我，活在当下，活出真正的快乐来。

四、专注的力量

正念带来第四种力量，即专注的力量。喝茶的时候，就只管喝茶，享受喝茶的乐趣。不要把你的痛苦、绝望和工作上的事带到喝茶上来，这一点很重要。否则，你就不会滋养自己。

有些事情你看见了，但没怎么看清楚，这时可以运用专注的力量，突破先前的局限，深入看到事情的本质。也许会碰上困难、沮丧、恐惧或绝望，因而想深入观照这些困苦的本质，以便能转化。做到这一点，需要很多的专注力。

有了专注，我们可以深入观照实相，培养解脱痛苦的洞察力。我们可以培养很多种专注力。我们专注无常，可以认识到一切都是不断变化的，我们可能会因为突发事故在明天或某个时间死亡，所以应当趁今天尽可能使所爱的人快乐。如果等到明天，也许就太迟了。我们专注无我[①]，即没有一个单独的我，便可认识到痛苦不仅出现在我们心中，也出现在他人心中。受苦的不仅是我们自己，还有我们的孩子、伴侣、朋友和同事。如果专注万事万物之间的相互依存关系，便能认识到使他人受苦到头来也会使我们受苦。专注无常、无我和相互依存，就能实现重大突破，产生智慧的力量。

五、智慧的力量

第五种力量是智慧的力量，它犹如一把利剑，轻易就能刺穿各种痛苦，包括恐惧、绝望、愤怒和分别。当你运用专注的力量时，智慧让你清楚看见你正专注的事物。专注于无常和无

---

① 指没有任何事物具有独立的存在或自我，任何事物都必须与其他一切相互依存。

我，也就能观照无常和无我。

无常不是一种理念、看法，而是一种智慧。有许多人死死抱持稳定或永恒的概念不放，只要听到无常的教法，就会焦虑不安。然而，无常并不是负面的，而是非常正面的。一切都是无常的，包括不公正、贫穷、污染和全球变暖都是无常的。我们生活中有误会、暴力、冲突、绝望，这些也都是无常的。**因为事事无常，如果我们有智慧，懂得如何活在当下，就能转化负面的情况**。

然而，我们有时忘记无常。虽然理智上知道万物无常，但我们却忘记自己及所爱的人有一天会病故。我们还以为自己会永远活着，因此不太注意如何去享受生活，真正爱护所爱的人。有许多人在所爱的人离开人世时痛苦万分，这不完全是因为对故去的人的思念，更多的是因为我们后悔没有去全心全意照看所爱的人。我们也许曾对他们不友善，但现在人已不在，因此心中充满愧疚。要是我们洞察到无常，就会知道心爱的人有一天会离开人世，趁现在竭尽所能使他们快乐。不要等到明天来做，明天就会太迟了。如果知道在生活中洞悉无常，我们就会少犯些错误，当下过得快乐。爱护心爱之人，就要让他们当下感到快乐，不要一心为了奔向未来而失去当下的生活，生命就只在当下。

当佛陀谈到无常时，他说的是对无常的洞察。他并非悲观，只是提醒我们生命是如此珍贵，必须珍惜每一刻。如此专注无常，就会带来对无常的智慧。有了对无常的洞察，我们就不会陷入绝望、愤怒或负面状况，因为我们准确知道改变这一状况需要做什么和不做什么。有了无常，一切皆有可能。

没有智慧，我们就会认为获取力量只为自己所用。然而，我们能培养出对无我的智慧。无我，并不是说不存在，而是没有一个完全独立的实体。许多痛苦都源于对我他的分别，以及抱持独立自我的观念。假设你已为人父母，只要看看你的孩子，就会明白你的儿女是你的延续。正如玉米秆是玉米粒的延续，孩子就是父母的延续。儿子的每一个细胞中都有父亲的基因。父亲和儿子并不是完全相同的一个人，也不是完全不相同的两个人。如果父亲知道这点，他就接触到自己的无我性。如果儿子遭受痛苦，父亲也会跟着受苦，反之亦然。因此，父亲对儿子生气，就是对自己生气；儿子对父亲生气，也是对自己生气。这一点非常清楚。如果你能触及自己的无我性，打破你和子女之间的分别，你的怒气就会消失。当你陷入权力之争，如果知道如何修习无我，就会找到办法，消除自己和他人在争斗中遭受的痛苦。而且，还会明白，他的愤怒就是你的愤怒，他的痛苦就是你的痛苦，他的快乐也是你的快乐。

无分别[1]的智慧

我的左臂因患风湿病而疼痛时，我会好好照顾，给它按摩，尽可能地减轻它的痛苦，我从不对左臂生气。如果弟子受苦，却难以指导时，我就会修习无我，我不会对他生气。照看弟子，就像照看我的手臂，因为对弟子生气，就是对自己生气，这对改善状况毫无帮助。然而，只有观照到无我时，才能拥有这种智慧。

佛教有一种名为无分别（没有歧视）的智慧。无分别是真爱中的一个元素。我是个惯用右手干活的人，大多数事情，包括刷牙、敲钟、写书法和写诗，都是用右手做的。但我的右手不会以此为荣，不会对左手说："你真没用，什么事都得我来做。"左手也不会低人一等，它感觉良好，从未受过苦。右手和左手总是相安无事，配合默契，这就是我们身上的无我智慧。

有一天，我在墙上锤钉子挂一幅画，由于不太会锤，结果没碰到钉子，却锤到了手指。我的右手立即放下锤子，抚摩左手的痛处。右手从不说："左手，你要记得，是我在照顾你哦。"左手也不会说："右手，是你弄得我痛的，把那锤子给我，

① 指舍离主观、客观之相，而达平等之真实智慧。

我要主持公道。”我的左手从来都不会这么想。这就是无分别的智慧，只要我们善加运用，家庭和社区就会和睦安宁。

如果印度的印度教徒和穆斯林运用无分别的智慧，就会太平无事；如果以色列人和巴勒斯坦人能践行无分别的智慧，就不会大动干戈；如果美国人和伊拉克人都视对方为兄弟姐妹，都同为一个身体的两只手，他们就不会继续相互残杀。所有人都需要培养这种无分别的智慧。**有了无分别的观照，我们就会摆脱恐惧、痛苦、分离和孤独，还可以帮助他人同样远离这些苦难**。

智慧来自理解。我们身上可能存在理解的元素，如果没有时间保持正念和专注，智慧就不会在心中萌发。我们需要营造一个让正念和专注方便运行的环境。这好比是准备土壤，以便土里的种子生根发芽。智慧就是正念之后获得的理解。如果一味沉浸在过去的遗憾和未来的担忧中，智慧就难以成长起来，对当下要采取何种正确行动也无从知晓。

无明(即无知)使我们遭受痛苦。当我们开始触及智慧，就会深入接触实相，不再恐惧，增加慈悲、接纳和容忍，所以，我们说智慧是一种超强的力量。如果运用无常和无我的智慧，察看实相，就会有所突破，从痛苦和困境中解脱。前四种力量都会产生第五种超强的力量(智慧的力量)，有了智慧的力量，快乐就会随之源源不断地出现。

Chapter 2

真正的力量在于帮助
自己和他人解脱痛苦

弃舍的另一说法，就是“放下”。要逐渐转化欲望、愤怒、恐惧和妄想。如果不具备这种自驭的能力，就会给自己和别人造成巨大痛苦。

寻找改变的力量

如果有些事情使你感到不安，如果在家庭或社区发生不合你心意的事情，你会想要立即改变它。你会想利用手中仅有的一点力量，比如父亲、母亲、老师或其他的力量，来改变现状。这个时候可以停下来思索，深观令你不悦之事的本质，找寻最正念、最慈悲的回应。

当我看到学生并没有正念禅修时，我会不高兴，因为我总是要求他好好禅修。如果他不好好禅修，要是拿力量来说，我该怎么办？我可能会拿出老师的力量和权威骂他，惩罚他。当然老师也会犯错，特别是初为人师时更是如此。然而，要帮助学生，就必须有耐心，首先要给他关爱和智慧。如若运用这种力量，就不会滥用权威或超越权限，你还可以帮助学生、女儿和员工免除痛苦。

与人分享我们的指导和建议有很多种方法。如果与人分享是出于慈悲，我们就会卓有成效，且有益他人。我们也许不太善于指导，但在指导的过程中可以学到如何与人分享才不会制造痛苦，以及怎样做会让人不想接触我们。我们需要不断地检查我们的指导或教学是不是为了名利或某种表面权力。

好领导不可缺少的三种品质

如果培养出前一章提到的五种力量，自然会获得另一种力量的源泉。这种力量就是领导的力量，如果具备领导力，人们就会向你寻求建议和帮助。真正的领导必须具备弃舍、仁爱、智慧三种美德(断德、恩德、智德)。

要驾驭权力，需要具备弃舍的美德。弃舍什么呢？弃舍愤怒、欲望和无明。弃舍的另一说法，就是“放下”。要逐渐转化欲望、愤怒、恐惧和妄想。如果不具备这种自驭的能力，就会给自己和别人造成巨大痛苦，并且不受人尊敬。过去有许多领导人的政治生涯是因性丑闻而中断的，由此可见，弃舍对无意义性爱的欲望是多么重要。这也证明弃舍会带来力量。

一旦遇上具有弃舍品德且不受烦恼约束的人，就会对他心生敬意，你会听从他。弃舍的品德导致身心解脱自在与轻松。这种好处，没法在超市里买到，必须经过禅修才能获得。

好的领导还需具备仁爱的品德。好的领导能以慈悲去爱护、接纳、宽恕和拥抱他人。拥有这种力量，才会快乐，受人尊敬。别人尊敬你，不是因为你的责骂，而是因为你给人关爱和慈悲。缺乏慈悲、关爱和宽恕的人，会遭受很多痛苦。宽恕他人、接纳他人，就会感到轻松自在，还能与其他众生[①]相处得好。没有慈悲，只会落得孤苦伶仃。慈悲是快乐的基础。如果政治领袖和商业领袖能培养这种仁爱的品德，就不会滥用名、利、社会地位等其他力量，也不会使自己和他人不快乐。

好的领导还需要有智慧的品德。知识和智慧不同。有很多人拿了几个博士学位，掌握一堆科学、哲学和文学理论，还能对佛经大加评论，但是他们既没有洞察，也没有智慧。智慧或洞察来自深入观看。真正的领导能运用智慧，为人指明脱离痛苦的道路。你也许身处困境、惊慌失措、漫无目的，如果遇到真正的领导，他会给你指明一条道路。很快，你会看到道路，因为他用智慧指明。

拥有智慧，就能克服困难、缓解紧张、化解矛盾。没有智慧，只会原地打转，无法摆脱痛苦、恐惧和担忧的纠缠和控制。因此，第三种品德就是能够通过深入观看获得智慧，以便克服困难，帮助别人。

---

① 佛教中指有生命的东西，有时专指人和动物。一般指具无明烦恼、流转生死之迷界凡夫。

没有仁慈，就没有真正的权威

如果以弃舍、仁爱、智慧三种品德领导他人，就会拥有真正的权威。仅有领导头衔是不够的，头衔并没有真正的力量。如果把正念修习好，释放出快乐、稳定和安宁，就会获得更庄重的权威。只要你开口说话，别人都会聆听，这并不是因为他们不得不聆听你，而是因为你充满活力、安详和机智。好的领导会行使这种权威，对于这种权威，无须努力争取，它会自然而然地产生。领导以自己的生活方式来鼓励、启发大家，大家因为他的真实可靠而听从他的话。

领导权威的品质如何，需要深入观看领导是否以慈悲为基础，以及他们的权威是通过精神洞见还是通过社会地位或财富获得。即使是天主教皇，如果没有精神生活，没有仁慈，也不会拥有真正的权威。人们也许会听从你下达的命令，那也是因为他们惧怕你，但这不是真正的权威。

如果不去培养真正领导的五种力量和三种美德，手中握有的权力就会对你不利，因为没有精神上的权威，就会被权力诱惑和想要滥用权力。假如你是个有威性的老板或老师，就可能想把自己的意愿强加给你的员工和学生。做过父母的人都知道，不用父母的权力去控制小孩，是难以做到的。父母一旦运用权力控制，就会给孩子和自己带来极大的痛苦。许多人怨恨父母，是因为他们的父母滥用了自己的权力和威信。如果父母和年轻子女发生争斗，那么争斗不可能公平进行，因为父母总是占上风。即使我们只有一点点权力，如果没有精神上的权威，也会很想去滥用它。然而，如果我们能培养五大心灵力量，这些力量就会不断强大，我们就有能力保护自己及所爱的人，避免痛苦和绝望。

如果极其想培养这种力量，就要竭尽所能地去找一个时刻都对力量培养有利的环境。我之所以出家为僧，不是我想标新立异或是弃绝尘世过隐居生活，而是想毕生去帮助他人。

假若总统依赖这五大心灵力量，而不依赖政治权力，就能采取可行的办法带给本国和他国人民和谐、安宁和快乐。

快乐不需要外在的附庸

悉达多王子出家以前，看到父王虽然位高权重，但大多数时候还是感到无助。他的父亲即便是看到周遭的贪污腐败，也不能阻止，仍然身处恐惧和贪求之中。在恐惧、愤怒和混乱控制的情况下运用政治权力，只会给自己和周遭的人带来痛苦。

悉达多太子之所以舍弃王位出家，其中一个主要原因就是，他明白政治权力本身不能使他和他的人民幸福。于是，他决定去寻找另一种力量，即心灵上的力量。

透过表象就会发现，有钱有势的人尽管享有某种特权，却仍然遭受极大的痛苦，还会给周遭的人带来极大的痛苦。虽然他们拥有极大的权力，却常常掉进绝望和痛苦的深渊。政治领袖和商业巨子虽然痴迷于权力，但是却因权力连累自身而痛苦。现在是重新考虑权力的意义和改变人生方向的时候了。法国哲学家卢梭写道："最强大的人不会强大到永远称王称霸，除非他变优势为权利，化服从为义务。"**如果权力被认为不合法，就会受到权力不多的人的挑战**。**一旦权力合法，随着精神权威而产生，就会被人赞赏和崇敬**。

若是存在权力过大的人和没有权力的人，就会引发动乱。如果个人和团体之间存在极大不平等，就会使权力不稳定。即便人们表面接受当权者，但他们手中的权力也不会总是牢固。然而，如果权力以精神权威为基础，让人展示出爱与智慧和免除烦恼，那么就可以不用诉诸暴力或压制的方式，去伸张正义、维持秩序，经受挑战的考验。

商业领袖、证券经纪人和政治家们都追求金融、政治上的力量，无论追求到多少，怎么看都不够。佛教徒和其他精神追求者同样也渴望力量，但是他们追求的是信念、精进、正念、专注和智慧的力量。这些力量是无穷无尽的，对任何人，包括自己，都没有害处。

许多人都认为钱是快乐的源泉，他们工作的部分目的是为了赚钱。金钱真的是一种力量，用钱可以买到想要的任何东西。政治家们承诺可以帮助人们获得更多的权力和金钱，而人们却认为只有优秀的政治家才能够赋予他们更多的购买力。能买得起以及挑选想买的东西，会让人觉得有钱有势。毕竟用钱不仅能买到物质上的东西，还能请人打扫房间、照看小孩以及做饭。你缓解别人的经济困难，别人就对你感激不尽。他们因此被你套住了，你的权力也就越发的大。有了权力，就能操纵他们，无论你想做什么，都可以让他们替你做。

当金钱足够多的时候，可以通过签订贸易协定和特别协定收买整个国家；还可以向其他国家承诺，只要在战争时他们和你站到一边，就会援助他们发展经济等。有了钱，就拥有了收买他国的实力。有了这种权力，如果不好好利用，就会使自己和他人受苦。

金钱可以带来名声，还可以买到声誉，买到威望。即便是没有什么天赋的人，只要写一本书，就可以出名了。或者花钱请人代写书，并以作者的身份出现在书上。世上像这种事比较常见，这说明了金钱可以买到名声。一旦成名，就可以赚更多的钱。如果你是个影视明星，大家对你的形象很熟悉，于是有些人就想请你给他们公司做广告。做个一两分钟的商业广告，你就会赚一大笔钱。只要说说产品有什么好处，人们听了之后就会去买。钱带来名声，名声也带来钱，这两者还能带来其他东西，比如性。由于人在名利面前很容易腐化、堕落，所以拥有权力是很危险的事。

名和利本身不存在邪恶。如果运用不当，名利就变成邪恶，就会使你和其他人受苦。如果我们聪明，并且拥有心灵力量，那名和利就不会带来害处，反而对我们有帮助。智慧地运用名和利，就能减轻痛苦，带来快乐。名和利是有益还是有害，就看我们怎么运用。

真正的力量在于解脱痛苦

心灵力量和政治力量并不是水火不兼容。公元前 3 世纪重新统一印度的阿育王，采纳佛陀的教义，成为全印度一位明君。他发现，佛陀的教义和修行有可能构建一个新型社会。他将宰杀动物的数量，限制到基本够吃就行。他劝人奉行慈悲和理解的精神，戒除杀生和偷盗。阿育王是位伟大的国王，拥有至高无上的权力，却运用这种力量帮助黎民百姓。

以色列在中东是个强国，拥有尖端的核技术和强大的军队，而且还有美国做靠山。然而，这种强大的力量还不足以使以色列幸福和安全，所以，以色列必须培养其他力量。政治领导人必须意识到如何保持镇静的力量、运用爱语的力量、理解他国困苦的力量，以及以爱与慈悲和他国对话的力量。如果以色列领导人懂得如何培养五大心灵力量，就不会滥用政治和军事权力在本国内外制造更多痛苦。

如果你打击他人，他人就会受苦，并奋起反击。如果不能公开反击，就会暗地里进行。如果不能在飞机上安置炸弹，就在其他地方使用炸弹。**滥用权力是造成我们很多人痛苦的根本因素。权力如何运用，不仅关系到精神方面，而且关系到整个国家的生死存亡。**

智慧地运用权力

商业领袖和政治领袖都是社会的特权者，他们在很多方面决定着我们的命运。我们必须寻找方法帮助他们智慧地运用权力。他们是因为身陷痛苦、恐惧、愤怒的牢笼，没有足够的理解和慈悲之心，才滥用权力的。所以，他们恣意妄为，为本国和全世界大多数人所不容。我们不应让他们为达到毁灭的目的而滥用我们赋予他们的权力。我们可以用智慧和慈悲引导这些商业领袖和政治领袖，以便使他们的内心恢复平衡。他们的心灵力量如何，可以看出他们的政治和经济力量如何。

在佛陀时代，有一个名叫婆提的人，以前是释迦国的官员，曾放弃一切出家为僧。有一天，他在树下坐禅，一连说了“哦，我的快乐啊”三次，恰好被另一个僧人听到了。这个僧人心想婆提一定是后悔丧失政权，于是把此事告诉了佛陀。佛陀叫来婆提，问他晚上为什么说了三次“哦，我的快乐啊”。婆提回答说：“恩师啊，我做官时，权力很大，有很多钱，想要什么就买什么，还有卫队保护我。可是，我并不快乐，因为一直提心吊胆，深受恐惧、嫉妒、憎恨和贪婪之苦。现在，我既没有恐惧和痛苦，也没有什么东西失去，不怕被人谋杀，不需要侍卫保护。我感到极大的自由和安宁，于是我一连说了‘哦，我的快乐啊’三次。如果我惊扰了僧众，还请他们见谅。”

这个故事动人之处，就是它清楚地指出经济力量和政治力量的局限性，**真正的力量就在于帮助自己和他人解脱痛苦**。

Chapter 3

正念的奇迹就是
让我们完全活在当下

佛陀说：“过去的已然过去，未来的还没到来，你只活在一刻，即当下的这一刻。”如果你错过当下这一刻，就无法与生命相约。

修习正念的秘诀在于专注

如果每次行动都百分百地专注，就可以想象行动的力量有多大。

许多大公司之所以将重要的资源放在研发部门，是因为他们知道，欲使业务兴盛，必须不断改善，掌握最新资讯。同样，正念的事业也需要投资来精心经营：集中力量培养智慧，从而获得指导和保护，使自己和事业回到正道上。

万事万物都是息息相关、互相联系的。你和家庭的幸福是事业兴盛和公司发展的基本保证。设法保护自己和保持自身安康是一项最基本的投资，这将对你的家庭和工作环境产生影响，首要的影响就是提升你的生活品质。

正念是投资的基础，是职场生活转变的关键。**正念是专注的能量，只要保持正念，人人都能百分百地觉知自身内外所发生的事**。正念的奇迹就是让我们完全活在当下，这种正念的生活是治疗和转化自己的基础，也是营造家庭、工作和社会和谐的基础。修习正念，可以了解到安乐在当下无处不在。正念是五大心灵力量之一，也是我们以真正力量来行动的基础。如果我们不知道如何创建和维持正念的家庭和职场，那我们的家庭和职场生活就会受到毒害。许多企业凭直觉就明白这个道理。

如果没有正念，政治力量和经济力量就不能完全满足我们的要求。我们需要正念的能量帮助我们回归自我，深入观照自身的情况。我们在从事某种职业时，总会将自己的困难和痛苦带到工作上。修习正念，可以让我们拥抱和理解痛苦，这是个人转化和疗愈的基础。

那么如何修习正念呢？这很简单，也很有挑战性。**修习正念，只需要做任何事都必须全心全意，哪怕是区区小事，比如捡起笔、打开书或点根香，也要百分百地专注**。我还是小沙弥（即学僧）的时候，每天要点几次香，放到禅堂的供桌上。师父教我用右手取香，然后把左手放在右手上，再双手一起持香。一支香并不重，为什么还要用双手呢？这恰好说明了取香这一简单动作也要百分百地投入。不管是用火柴点香还是把香放到烛焰上点，光是这一点香动作，都必须百分百地专注。这就是正念的修习。

喝茶亦需正念

倒茶时，如果有正念，那么将茶倒入杯中这一简单动作，就是一种禅修。既不回想过去，也不思考未来，不去想明天要干点什么，而应全神贯注于倒茶，全心专注于当下。

人人都知道倒茶和喝茶，但并非所有人都能正念地倒和喝，因为人们受到习性的驱使而倾向逃离当下。这种习性的能量很强大，因此我们必须通过修行来加以转化。我们摆脱习性能量的影响越多，就越能完全活在日常生活的每一刻。

我们工作，也许要对很多人、几个人负责，或者只对自己负责，能担当起责任是好事。此外，我们还渴望事业有成。然而，由于缺乏正念，我们受到成功欲望的摆布。这种欲望成为一种习性，就会一直推动着我们前进，使得我们不能在当下喝好茶。甚至茶在嘴边，也根本意识不到。这哪是在喝茶，心里想的全是各种项目和问题。

佛陀认为，生命只在当下。佛陀说："过去的已然过去，未来的还没到来，你只活在一刻，即当下的这一刻。"如果你错过当下这一刻，就无法与生命相约。这个道理我想大家心里都明白。正念的能量和修行可以帮助人回到当下，与生命相逢，然而修习正念需要时间和支持。若没有训练，没有共修团体的支持，就不能修成正念。说不定，你的同事就愿意成为你的同修。

身在庭院，心在工作

你也许有漂亮的房子和庭院，需要你去细心照看。庭院里有很多鲜花，你明知道这些争奇斗艳的鲜花就在园中，可就是从来没去欣赏过。要是别人看到你的庭院，可能会好生羡慕，他们心里也想有这么个庭院，可以漫步其中，欣赏绿草、鲜花和树木。然而，你怎么也抽不开身，一心忙于解决问题、克服困难，还要在工作中争第一。

有时候，你脑海里会不时地闪出一个念头："我有个漂亮的庭院，得抽个时间好好在那享受一下。"因此，你决心踏进庭院，在园中走了走，看了看花草树木，你的用意是好的。可是你走了四五步，就不想走了，你的身虽在庭院，心却在工作上。工作就像个独裁者，使你无法享受当下生活的美好。

正念就是完全活在当下

我十六岁当沙弥的时候，师父教我全心全意地开门和关门。一天，师父要我去帮他拿东西，由于我太敬爱师父了，急着去拿，结果匆忙之间，很快就把门关上了。

师父见到了，对我说："小沙弥，回到这儿来。"我回到他身边，双手合十，看着师父。他说："记着，这次你要专注着出去，而后专注着关好门。"这就是师父教给我的第一堂正念修习课。当时，我正念地行走，觉知所走的每一步。我专注地去握门把手，打开门出去，然后关上门。就这一次，我学会了师父教我关门的方法。

当你握着小孩的手时，要百分百专注在握手的动作上。当你拥抱你的爱人时，也要一样全然专注在拥抱上，忘却身外的一切。然而，这与我们过日子、做生意的方式是背道而驰的。我们总是被要求同时做很多件事，比如接听电话时回复电子邮件，这个项目的会议还在召开时，却开始筹划另一个项目。每一种新技术的诞生，都保证可以帮人同时做更多的事情。现在，我们只用同一种机器，就可以一边听着音乐、接听电话、拍照，一边发送电子邮件。由于注意力分散，力量就不会出现。

我们必须学会同一时间只处理一件事情，而不是总在同一时间处理多件事情。正念需要些许的训练才能获得。我们也许聪明过人，稍经点拨，便马上明白这个道理，但并不是说这样就有正念了。要有正念，就必须修行和训练。

首先，运用正念修习专注自己。做到这一点后，再用正念观看家庭。不管我们怎么定义家，家始终是家。如果不先把家事处理好，就不能处理好工作上的事。家庭或许有痛苦、恐惧及焦虑，如果运用正念，就可以识别这种痛苦，接受痛苦并加以转化。你可以对自己所爱的人说："我就是来和你一起承担，并转化痛苦的。"正念就是能够完全活在当下。当你去爱人的时候，给所爱的人最珍贵的礼物就是真心相伴。你无法用钱买到带来喜悦和转化痛苦的能力。

然后，正念能让我们了解职场的情况。不管你是管理几百人的企业家、总裁，还是独当一面的和团队协作的员工，只要有正念，就能深入觉察和辨识企业的优势和困境。当我们观察职场，就能识别同事或雇员的恐惧、痛苦，并对他们说："我支持你，我知道你正在受苦，让我们一起来承担，转化痛苦。我们尽己所能地消除这种痛苦。"这同样也可以运用到你和家人身上。只要拥有正念的能量和深入观照的能力，就能找到转变和化解困境的办法。

一呼一吸间皆有正念

正念就是一种百分百专注自己的能力。正念的能量能使我们辨识当前出现的一切。当前出现的既有你自己，也有你所爱的人。**若你不能活在当下，就无法辨识你自己、你的快乐或痛苦。如果没有全然的专注，就无法认识他人，他人也会因此而感到不被关注和理解**。他们开始感到痛苦，这种痛苦倒过来使你更加痛苦。没有正念，我们无法帮助自己或所爱的人，以及在职场上取得成功。没有正念，我们拥有的力量便会转瞬即逝，最终不能令人满足。

正念是具体而微的。正念可以在一次呼吸中发生。当你吸气时，就让意识放在吸气上。这或许有助于你吸气时默念“吸”，呼气时默念“呼”。有了这一简单的动作，心就会回到身体上，且真正活在当下。

正念也可以在行走的脚步中发生，将百分百的注意投入到行走的步伐中，让呼吸保持自然，不压制它或企图改变它。觉知吸气时走了多少步，呼气时走了多少步。如果在家里练习，就缓慢行走，每吸一口气走一步，每呼一口气走一步。

在上班或出外时，每吸一口气或呼一口气，走两步、三步或四步都行，这也有助于你走时默念“吸、呼”。例如，如果你吸气时走三步，呼气时走四步，那么你可以说“吸、吸、吸，呼、呼、呼、呼”。把心思完全放在行走和呼吸上。这个练习容易上手，而且十分有效果。如果能正念地呼吸和行走，你就会回到自身，真正活在当下。

拥抱你的身体

要理解正念，就必须从身体的层面去理解。我们可以学习如何回到自己的身体上，刚开始只需认识自己当下的身体，并以正念的能量轻柔地拥抱身体。修习正念呼吸和正念行走，能产生出正念。修习时可对身体说："我亲爱的身体，我知道你就在当下，我会好好照顾你的。"于是，你的身体就变成你所爱的对象。

若是不知道如何照顾你的身体，以及缓解身体中的紧张，让身体得到休息，你就无法爱惜自己的身体。所有人都知道，身体有自愈的能力。不小心划破手指，我们只要保持手指清洁就好了，剩下的事情交给身体来处理。如果不知道身体还有自愈力，就会惊慌失措。只要让身体好好休息，那么身体无须什么医药，就能自愈。

森林中的动物严重受伤时，非常清楚该如何处理。首先，它们找到一个隐秘的地方，躺下来休息几天，不进食任何东西。它们非常有智慧，一直等到伤口痊愈后，才出去寻找或捕猎食物。我们人类曾经也有这种智能，只是现在已丧失休息的能力。一旦身体感到不适，就会担心害怕，赶紧去医院，请医生开一大堆的药，这是因为我们有所不知，让身体休息，通常就是最佳的治疗方法。

有些人抱怨自己没有时间休假。休假的目的就是腾出时间来休息，然而，即使是那些已去休假的人，却也不知道如何休息。他们往往做了不少事情，回来时比休假之前还要累。我们必须掌握深度放松的技巧，这个技巧就是：让身体躺下，注意身体的不同部位，先从头部开始，一直到脚底，让部位逐步得到放松。在做放松时说："吸气，注意身体，呼气，缓解身体的紧张。""吸气，注意眼睛，呼气，对眼睛微笑。"紧接着，放松身体的其他部位，用正念之光而不是X光扫描整个身体。一旦扫描到身体的某个失调的器官或部位，就停留时间长些，用正念的能量拥抱它，对它微笑，这会加快身体治愈的速度。

每天独自一人或者和家人一起做放松练习。练习一旦形成习惯之后，就可为自己、伴侣和家人带来一段时间的完全放松。同时，还可以鼓励家庭其他成员引领整个家庭达到完全放松。儿童具有引导他人做这种练习的天赋。若你拥抱自己的身体，缓解堆积的紧张，帮助身体治愈，就能回到自己的感觉和情绪上(这个练习在附录一还有详细解释)。

以正念拥抱痛苦

每个人都有过愉悦的感受和痛苦的感受。正念修行的重要练习之一就是对治痛苦的情绪。许多人在痛苦来临时往往不知如何处理，于是想方设法脱身和逃避。而且，还认为只要坚强有力，就不会感到痛苦，因此用其他事情来掩盖痛苦的感受。他们不去更换木栓，帮助藏识中的正面种子萌发，而是做些没有正念的事情，比如看电视、看书或者打电话，试图忽略感受到的痛苦、恐惧、悲伤或绝望。虽然做这些事情有助于暂时忘记痛苦，但却给身心带来欲望、恐惧、担忧等更多的苦恼。每天持续下去，就会使情况更加糟糕。

尽管这样，反倒可以回到自身。我们用正念的能量认识内在的痛苦，轻柔地拥抱着它，就像母亲拥抱着孩子一样。正念好比是母亲，痛苦、悲伤、绝望好比是婴儿，他们之间没有打斗。正念能量的作用就是识别、拥抱、接受痛苦，并减轻痛苦。

当母亲听到孩子在哭，会立即放下手头的事情，抱起小孩，轻柔地安抚。起初，她也许并不知道孩子为什么哭，但是轻柔地抱起小孩就会给小孩宽慰。**我们也许不知道是什么原因**

造成痛苦、绝望、沮丧、恐惧，但是如果知道以正念的能量去拥抱痛苦，马上就会得到宽慰，因为正念的能量一开始就渗透进痛苦和悲伤的能量。

接受痛苦，方能壮大

想象一下早晨含苞待放的花。阳光拥抱着花，散发出的能量开始渗透花。太阳并不只是照在花的表面，反而将光线自然地渗透到花。一个小时后，花儿对着太阳开放。太阳就是正念，拥抱着我们的感受之花。

若是愤怒、恐惧和绝望单独存在，且不被监管的话，就会具有破坏性。如果我们能产生正念，就会认识和接受这些痛苦的感受。修习正念呼吸和行走，不仅提供滋养与活力，而且能帮助我们认识和接受内在的痛苦。我们运用能量、力量的目的不是去压制痛苦，而是帮助身体更加完善。只有接受自己的痛苦，我们才会更加强大。

如果所爱的人与我们一起坐着或行走，我们可以凭借他们的正念能量变得更加强大。我们对所爱的人说："亲爱的，请到我这里来，和我一起正念行走，我需要你陪在我身边。"然后她过来，陪着你一块行走。两个人的正念能量合起来，足以去拥抱痛苦。

如果是几个朋友与我们一块坐着，正念的正面集体能量就会更加强大。让集体能量拥抱我们的痛苦、悲伤和绝望就容易多了。因此，在一个统一行动的团体里共修，就会感到愉悦，并且对自身有所帮助。这种集体的能量很强大，如果能让集体能量拥抱自己，就会感觉很好，身体快速得到愈合。

正念的能量可以帮助我们意识到正在发生的事情。呼吸时，就会知道自己在呼吸，这就是正念呼吸。喝咖啡或茶时，知道自己在喝咖啡或茶，这就是正念饮食。走路时，知道自己在走路，并且享受所走的每一步，这就是正念走路。诸如此类的练习能产生正念的能量，帮助你完全活在当下，触及生命的奇迹，获得滋养与疗愈。

五项正念修习①

有一回，给孤独请来五百商人听佛陀说法。佛陀给他们开示的佛法，被后人称为《白衣门徒经》（the Sutra on the White-

① 五项正念修习即传统的“五戒”，又称正念的五种训练。一行禅师为便于读者理解“五戒”，以“五项正念修习”来代替传统“五戒”一词，第一至第五项正念修习分别是尊重生命（不杀生戒）、真正的幸福（不偷盗戒）、真爱（不邪淫戒）、爱语和聆听（不妄语戒）、滋养和疗愈（不饮酒戒）。

Clad Disciple) 译注：在佛陀时代，出家人身穿黄袍，而在家居士在与出家人共修时则身穿白袍，因此有“白衣门徒”之说。，主要讲解了商人和户主如何快乐地活在当下。在这部经中，“现法乐住＂（快乐地活在当下）这句至少重复提到五次。了知自己在正确的道路上，就是最大的快乐。

最大的快乐就是拥有一份自己喜欢的工作，并在工作中体现自己的智慧和慈悲。快乐、责任和正念是息息相关的。商人是通过先照顾自己来开辟通往快乐的道路的。做些产生正念能量的练习，就能获得自己应得的喜悦和快乐，并有能力关照他人的安乐。因此，快乐的许多因素就来自当下。

这部经阐释了五项正念修习是正念和快乐的基础。五项正念修习是学习善用力量的基础，也是培养真正力量——心灵力量的基础。五项正念修习是正念修习的核心。

第一项正念修习：尊重生命

觉知到杀害生命所带来的痛苦，我承诺培养相即的智慧和慈悲心，学习保护人、动物、植物和地球的生命。我决不杀生，不让他人杀生，也不会在思想或生活方式上，支持世上任何杀生的行为。我知道暴力行为是由恐惧、贪婪和缺乏包容所引起，源自于二元思想和分别心。我愿学习对于任何观点、主张和见解，保持开放、不歧视和不执着的态度，藉以转化我内心和世界上的暴力、盲从和对教条的执着。

第二项正念修习：真正的幸福

觉知到社会不公义、剥削、偷窃和压迫所带来的痛苦，我承诺在思想、说话和行为上，修习慷慨分享。我决不偷取或占有任何属于他人的东西。我会和有需要的人分享我的时间、能量和财物。我会深入观察，以了解他人的幸福、痛苦和我的幸福、痛苦之间紧密相连；没有了解和慈悲，不会有真正的幸福；追逐财富、名望、权力和感官上的快乐会带来许多痛苦和绝望。我知道真正的幸福取决于我的心态和对事物的看法，而不是外在的条件。如果能够回到当下此刻，我们会觉察到快乐的条件已然具足；懂得知足，就能幸福地生活于当下。我愿修习正命，即正确的生活方式，藉以帮助减轻众生的苦痛和逆转地球暖化。

第三项正念修习：真爱

觉知到不正当的性行为所带来的痛苦，我承诺培养责任感，学习保护个人、家庭和社会的诚信和安全。我知道性欲并不等于爱，基于贪欲的性行为会为自己和他人带来伤害。如果没有真爱，没有长久和公开的承诺，我不会和任何人发生性行为。我会尽力保护儿童免受性侵犯，同时防止伴侣和家庭因不正当的性行为而遭受伤害与破坏。认识到身心一体，我承诺学习用适当的方法照顾我的性能量，培养慈、悲、喜、舍这四个真爱的基本元素，藉以令自己和他人更加幸福。修习真爱，我知道生命将会快乐、美丽地延续到未来。

第四项正念修习：爱语和聆听

觉知到说话缺少正念和不懂得细心聆听所带来的痛苦，我承诺学习使用爱语和慈悲聆听，为自己和他人带来快乐，减轻苦痛，以及为个人、种族、宗教和国家带来平安，促进和解。我知道说话能带来快乐，也能带来痛苦。我承诺真诚地说话，使用能够滋养信心、喜悦和希望的话语。当我感到愤怒时，我决不讲话。我将修习正念呼吸和正念步行，深观愤怒的根源，尤其是我的错误认知，以及对自己和他人的痛苦缺乏理解。我愿学习使用爱语和细心聆听，帮助自己和他人止息痛苦，找到走出困境的路。我决不散播不确实的消息，也不说会引起家庭和团体不和的话。我将修习正精进，滋养爱、了解、喜悦和包容的能力，逐渐转化深藏于我心识之内的愤怒、暴力和恐惧。

第五项正念修习：滋养和疗愈

觉知到没有正念的消费所带来的痛苦，我承诺修习正念饮食和消费，学习方法以转化身心和保持身体健康。我将深入观察我所摄取的四种食粮，包括饮食、感官、意志和心识。我决不投机或赌博、也不饮酒、使用麻醉品或其他含有毒素的产品，例如某些网站、电子游戏、音乐、电视节目、电影、书刊和谈话。我愿学习回到当下此刻，接触在我之内和周围清新、疗愈和滋养的元素。我不会让后悔和悲伤把我带回过去，也不会让忧虑和恐惧把我从当下此刻拉走。我不会用消费来逃避孤单、忧虑或痛苦。我将修习观照万物相即的本性，学习正念消费，藉以保持自己、家庭、社会和地球上众生的身心平安和喜悦。

五项正念修习是正念修习的具体表现方式，既可运用于职场生活，也可运用于家庭的日常生活中。[1] 正念的这一精神也存在于基督教、犹太教、印度教以及所有的精神信仰中。如果你信仰的是不同的宗教，当你阅读经论回到自己的根源时，你就会在自己的传统中找到五项正念修习的成分。这些成分的存在，有助于你更加理解你的传统。若是失去你的根源，你便无法快乐。

五项正念修习并非他人强加给我们的，而是我们修行直接所得的成果。我们之所以想要实践正念修习，是因为在修习时

① 有关五项正念修习的详细注解，详见一行禅师所著的《为了可能的将来》（For a Future to Be Possible）。

我们看到了因为不持守正念修习而生起的所有痛苦。为此，我们决定修习，以便根除不幸和痛苦。**五项正念修习不是什么戒条，而是个人在省思痛苦和痛苦的原因后所发的愿。这就是修行，是由智慧生起的决心。**欲进一步了解一家成功卓著的公司是如何根据深刻的洞察推行正念和慈悲的话，请参看附录二由巴塔哥尼亚公司总裁伊方·乔伊纳德（Yvon Chouinard）生动讲述的商业故事。

真爱与慈悲的修行

依我看，五项正念修习是真爱与慈悲的修行。第一项正念修习是保护生命。因为我爱生命，我爱众生，所以决心以正念训练自己，不支持世上有任何的杀生行为。生命如此珍贵，因此决心保护生命，不仅保护人类的生命，还要保护其他生物的生命，因为人是由非人的元素，即动物、植物和矿物所构成的。

要保护人类，就必须保护非人类元素，这是《金刚经》关于深层生态学的最早教导。我们只有保护好动物、植物，甚至矿物，才能保护好人类，这是第一项正念修习的精髓。倘若要保护环境，只有去读《金刚经》，才能明白我们保护动物、植物和矿物，就是在保护男人、女人和孩子。这是真爱的修行。

※

第二项正念修习是修持慷慨分享。由于贫穷无处不在，不平等造成诸多痛苦，所以，我们活着就要减轻痛苦。我们决心将自己的时间、精力、物资提供给真正急需的人，这就是真正的布施。我们保持生活简朴，就会有更多的时间帮助他人。我们决心不偷盗，也不将任何属于他人之物据为己有。这也是真爱的修行。

※

第三项正念修习是保护个人和家庭。我们尽力避免不正当性行为和性侵害，因为这会给人造成很多痛苦。第三项正念修习也是真爱的修行。我们决心不涉入没有爱和长期承诺的性关系。若是深观，就会发现身心是合一的。**尊重身体的同时，就是尊重心灵；对身体不尊重，就是对心灵不尊重，两者密不可分**。只有尊重，才可能有爱；没有尊重，就没有真爱。

现代社会上，有些人只是为了肉体的欢愉与人发生空虚的性关系。把性混淆为爱，这种爱根本就不是爱。若是爱人，就会把心给对方。我们已经知道心灵非常贴近身体。我们的灵魂里都有秘密地带，那里有痛苦，也有秘而不宣的、深层而柔弱的渴望。我们只会将它与真正相爱的人分享。

我们的灵魂里有一座紫禁城，就像过去皇帝的宫殿一样，非皇室人员不得入内，擅自入内者将被斩首。我们灵魂里的紫禁城也只对我们最爱的人开放，这是个神圣不容侵犯的地方。

我们的身体里同样也有座紫禁城，即未经明确许可他人无权碰触的部位。文化里已蕴涵着这种智慧，但是在某种程度上，我们已丧失对身心神圣区域的尊重了。第三项正念修习可使我们和他人免除痛苦。

※

第四项正念修习是关于沟通的方式。我们的言谈是有力量的，否则我们只能白费口舌了。人类历史上从来没有现今这么多的沟通方式——电子邮件、手机、传真、电视、收音机和报纸，然而我们仍然彼此相隔，仿佛是距离遥远的岛屿。家人之间、社会个人之间、国与国之间，很少有真正的沟通，这是因为我们不懂得倾听对方，很少能和对方进行有意义的交谈。

真正沟通之门必须重新开启了。如果我们不能沟通，彼此就没有交流，我们就会生病。当疾病增多，我们就会受苦，然后将这种苦扩散到他人身上。

言语既有创造性的一面，也有破坏性的一面。**正念交谈能带来真正的快乐，非正念交谈能毁灭生活。若有人告诉我们一些事情，使我们健康和快乐，这就是对方所能给的最好的礼物**。第四项正念修习也表明，正念的言语和专注倾听是紧密相连的。我们若完全专注、满怀慈悲地倾听，就会真正在当下听到对方要说的话。我们唯一的心愿就是帮助他人打消顾虑，敞开心扉，摆脱痛苦。

※

第四项正念修习和第五项正念修习的正念摄取是相关联的，正念摄取之物即我们吃的东西，还有观看、阅读和聆听的东西。我们摄取的东西影响着我们自身。如果深入察看每天摄取的东西，就会最终了解自己的本性。我们必须吃、喝和消耗，如果没有正念，也许就会损害自己的身心，损害自己的身心就是背叛自己的祖先、父母和后代子孙。

我们欲留意自己的身心摄取了什么东西，可以问问自己："今天我的身体摄取了哪种毒素？我今天看了什么电影？读过什么书？浏览了哪些杂志？我和他人进行了什么样的交谈？"正念就是认识这些毒素，然后叮嘱自己不要摄取这些毒素；还可以对自己说："我觉知到每天身心摄取这种或那种毒素，不仅导致自己害病，还连累自己所爱的人，我决心采用适当的饮食方式，只摄取能让自己身心获得平静、安乐及喜悦之物。"

五项正念修习似乎是一个难以遵守的大承诺，也许跟你自己的形象不吻合。若能接受五项正念修习，你的人生将会更加悠闲自得，你的生活将充满更多喜悦。所以，立即行动，走上正确的道路，竭尽所能保护众生的安乐，从此不用再患得患失了。即使不得不经历疾病、危险或死亡等困难时刻，你也可以与自己和平相处。这是我的人生经验。

惩罚别人，就是惩罚自己

我认识一位在越战期间服过役的美国人，他满怀好意，想要效忠自己的国家，因此自愿去越南，担负起晚上行刺可疑人的职责。当时游击队夜间来到村子里，劝说村民们一块打游击。当地政府找不到证据证明村民和游击队之间的联络，然而美国中情局却说应当铲除游击联络员，以便切断游击队和村庄的联络。

这名美国士兵的任务就是夜间潜入有可疑人的家里，随身携带一把匕首，悄无声息地杀了这个可疑者。第二天早上，其他村民发现了尸体，就会说是游击队杀死的。

在和平时期，要是有人犯罪，只需将他交给法庭来审判。但在越战期间，就不会这么处理了。一旦认定某个人是敌对分子，就会晚上来杀掉他，不留蛛丝马迹。消灭任何被认为是敌对阵营的人，无须审判，无须法庭，什么都不需要。

越战之后多年，告诉我这段经历的美国士兵身患重病，生命垂危。我亲眼见到他在病危时的痛苦，这种痛苦难以用语言描述，不仅身体受苦，精神和良知上也遭受极大的痛苦。曾经杀人害命的场景每时每刻都在他的脑海里浮现，直到他将自己的经历和盘托出，才平息这种痛苦。

你的每一个行动都会有回报。你用刀子杀死了人，带给他人的这种伤害也倒过来惩罚你。你所受的苦只有你自己知道，并且走向死亡的过程也非常艰难。因此，**最大的快乐就是知道自己正在正确的道路上，不去做毁灭人、动植物或矿物的事情**。内心保持平和，就能无畏地渡过难关，化险为夷，安详地离开人世。这点很重要，现在就开始行动吧。

修习正念，就是保持觉察

任何人都无法完美持守五项正念修习，即使佛陀也不例外。修习的目的不是要完美，而是对自己保持觉察，即使犯错时也要觉察得到。如果你晚上在森林里迷路，参照北极星就能走出森林。虽然你参照了北极星，但你的目的不是到达北极星，而是回家。

五项正念修习就像北极星，我们不必修习到完美。**五项正念修习就像我们的向导，让我们知道自己踏上有益的道路**。**若是你的脚下有一条心灵道路，即爱、慈悲和智慧的道路，你就会快乐，因为你知道自己要走向何方**。走上慈悲的道路、保护生命的道路，才有可能获得快乐。这点也很重要，实践五项正念修习，就会受到保护。

五项正念修习具有普适性，任何人修持，都能成为佛陀的好友、耶稣的门徒。佛陀、耶稣、亚伯拉罕先知都是我们修行路上的友伴，而五项正念修习却是保护、支持我们的修习方法。

Chapter 4

力量只在增进
快乐时才有好处

力量唯独只在增进自己和他人的快乐时才有好处。活得安乐是人生头等大事，然而，大多数时候我们都在受苦，不断地追逐着渴望，向过去或未来寻求快乐。

渴望力量的动机

通过正念生活和实践五项正念修习，我们会认识到自身对力量渴望背后的动机。对动机了如指掌，我们会因为百分百的专注而使行动更加有力量。

意志力就是思维、言谈和行动背后的动机，能决定一切的方向。我们每个人都有一个坚定的人生目标，想要有所作为。我们感到内心涌现一股巨大而有力的能量，想要感觉自己真正活着。

追求这种活着的感觉，每个人的方法各不相同。有些人甘愿为事业理想，比如国家独立、社会公正、推翻独裁政权，奉献自己的生命。这些人的渴望会为他们的行动提供所需的强大能量和力量。有些人因为受到渴望的激发而去保护环境，为了保护地球，他们甘愿承担艰难困苦。有些人想摆脱不断攀升的消费循环，过一种简朴的生活，以便拥有更多的时间和精力去服务众生。

也有一些人的动机渴望不如前面所说的那么有益，他们活着只是为了积累财富、影响力和功名，希望他人羡慕妒忌自己，希望开着名车，追求明星佳丽，入住豪宅。有些人认为自己的苦是某些人造成的，于是心中最强烈的愿望就是惩罚他们，生命就只是为了报复，全力以赴去攻击、毁灭他们，直到给他们造成同样的痛苦。这些人炸毁飞机，或闯进大使馆，充当人体炸弹，只是为了报复。他们认为自己遭受不公正的对待，于是想把悲伤和痛苦带给其他组织或国家。这种动机就是他们生命的根基、行动的基础。这些人已放弃了快乐，将会遭受许多痛苦，因为他们的动机是惩罚他人或追逐名声、荣誉和权力。

为了说明意志力具有伤害性，佛陀举了一个年轻人被两个强壮的人拖入火坑的例子。年轻人想活命，却被强制拖入火坑。这两个人比年轻人更加身强力壮，打算把年轻人往火坑里扔。年轻人不想死，但又无力抵抗。佛陀问："这两个想把你拖到地狱的强壮者是谁呢？他们就是你的意志、你的渴望。你以为追求名声、权力、性爱和财富就会获得快乐，实则不然。"

超拔困苦的初心

悉达多太子经过六年苦修，最终成为证悟、解脱、自在的人。他亲眼看见自己的家庭、社会和国家有许多痛苦，于是抛弃王位，离开家人，但是激发他这么做的不是想要逃避责任，而是出于爱。悉达多太子想要根除自身的痛苦，以便给人指明出路，这才是他内心最深的渴望。这种渴望给他带来巨大的快乐，也给他勇气和力量战胜艰难困苦。

这种渴望、这种意志就是我们所说的“菩提心”。**菩提心是爱心，是证悟心，也被转译为“理解心”，因为理解是爱的基础。没有理解，就不可能接纳和爱**。如果不理解父亲，就无法真正爱他。如果不理解女儿，也无法爱她。理解就是爱，爱就是理解。如果渴望去获得这种理解，就拥有最强的一种能量，即初心。拥有这种能量，就不会放弃，因为追求的是自乐和他乐。

因此，我们所有人必须深入观照自己的渴望，弄清我们真正的动机是什么。我们知道做生意是为了赚钱，但不明白赚钱的同时发生了什么。我们是否在赚钱的过程中造成了痛苦、绝望或不公平？赚钱只是其中的一部分，还要知道怎么去用钱。金钱可以用来为人造福，比如买来药品治病救人，买来食物供给饥饿的人。此外，金钱还可以毁灭我们自己的生活和他人的生活。我们必须看清，是否只有钱才能带来快乐。

那些从事商业、政治、娱乐、体育或科学的工作者背后的动机和渴望是什么呢？是要获得更大的权力、更高的名声，还是更多的财富？也许我们认为权力、名声、财富这些东西只不过是让我们更加卓有成效的手段。这些东西本身不能帮助我们或他人获得快乐。我们也许会被自尊和责任感所误导，也许会愚弄自己。因此，必须深入内心最深处的渴望，看清它的真正本质。如果你自己受苦，并使所爱的人受苦，那么无法证明你的渴望是正当的。

也许你从未有过机会练习观照自己的意图，但如果你观照过，就会发现内心最深处的动机。我们必须识别我们每天行动背后的动机来源。**动机纯正有益，给我们带来安乐，给他人带来幸福。动机不纯，给我们、家人和许多人带来痛苦。**

识别理想与渴望

我们能区分慈悲的理想与有害的渴望，这两者完全不同，然而有时我们却误以为渴望就是崇高的理想。通常我们会愚弄自己，以为这样内心会更加平和些。无知会引生贪着（贪婪执着之意）的欲望。我们错误的认知在于认为获得某物就会快乐，然而得到之后，却又继续渴望，并遭受痛苦。

为了说明这一点，佛陀用了一个鱼饵和鱼钩的譬喻。若看见了鱼饵，就认为它会带来很多快乐。然而，咬食鱼饵时，却被鱼钩钩住。现在人们去钓鱼，用的是人造饵。这种鱼饵不是真正的昆虫，而是用塑料制成，且很有吸引力。当鱼看见饵料，不知其中藏有钩子，便一口咬住，结果被钩住钓到岸上。

我们就像被钩住的鱼。是什么东西这么有吸引力，竟然引诱你，使你想要得到它？即使你明知道会被钩住，还是咬住不放。名声、性爱、权力和财富是四种藏有钩子的诱饵，只要你渴望其中一种，就注定遭受痛苦。富有时，觉得自己位高权重，有这么多条件支持你去追逐这些欲望。然而，这样却可能会毁掉自己、家庭甚至公司，通常这种毁灭还会损害环境和社会。

我们内心保有的强烈渴望是去服务所爱的人，还是服务自己、其他众生以及我们的星球，或者是去力争没有真正营养价值的诱饵呢？我们也许在欺骗自己，认为财富、权力和名声只是一种手段，可以让我们更加有效地给别人带来快乐，提供工作或改善环境。然而，我们可能会被自尊心和责任感引入歧途。

因此，我们不该欺骗自己，必须保持真正的忠实，深入修习，以便发现渴望和动机的真正本质。我们还要区分沉迷于渴望和真正快乐之间的不同。**快乐有很多种形式，但是真正的快乐不会是来自对名声、性爱、权力和财富的渴望**。

佛陀曾如此描述过狗的本性：狗见到一根丢出去的骨头，

奋力追赶骨头，即使骨头上点肉不剩，也咀嚼个不停。狗从骨头中不会获得养分，但还是咬着不肯放。我们的态度何尝不是如此，贪婪从未带来满足，然而我们却依然贪婪。

佛陀也以逆风举火把为例：火把会烧着自己的手指。同理，感官上的欲望也会烧着你。这种欲望不会给你真正的快乐，不仅会烧到你，还会毁掉你。

佛陀还举了一个例子。有一个口渴之人，走进一间看似无人的屋子，看到屋子里放着一瓶水。他一见到水，便想一口喝了。正要拿水倒向嘴里时，有个人过来告诉他："这水不能喝，里面有毒。"但由于口渴难耐，结果他还是把水喝下去了。我们对性爱、权力、名声和财富的渴望也是如此啊。

有时候理智会告诉你，执取上述四种渴望都是危险的。你明知会受苦，却无法抵抗，只好乖乖地跟着渴望走。若没有明智的朋友、精神团体的保护和帮助，尽管你有较好的判断，通常还会执取诸如此类的渴望。

深入关照渴望之物的本质

我们渴望某种东西，是因为我们看不到所渴望之物的真实性。我们只需深入观照追逐名利权情之物是如何带来诸多痛苦和些许满足的，大可不必对名、利、权、情存轻视的态度。这些渴望犹如盐水，喝得越多，越觉得口渴。我们不停地追求金钱，相信等到(或只有等到)赚够一定数额的钱后才会快乐。然而，等到那天真的到来，手头拥有以前期待的那笔钱后，却还是感到不够，因为总是想要更多的钱。

沉溺于贪着会害了我们。佛陀最后以从屠夫那里偷肉的小鸟为例。小鸟叼着肉在天空飞翔，突然跟来一只更大的鸟，想夺取小鸟嘴中的肉，可是小鸟却咬住不放。如果小鸟咬住不放，大鸟为了得到肉就会攻击小鸟。小鸟多少知道大鸟会攻击，但依然死死咬着不放。

事实上我们追逐的只是一个幻象，若具足正念，就能明白根本不值得去做。如果深入探究执取之物(比如钱)的本质，就会知道钱不是我们必须渴望的东西。其实应付基本开销，我们不需要很多钱。如果深入看到贪着之物的真正本质，就会放下贪着，得到疗愈，最终感到自在。

我们每个人内心深处都有生儿育女延续生命的渴望，出家众也有这种渴望。但是，出家众可以从精神层面上满足这种渴望，养育精神上的子孙后代。他们在不压抑自己的情况下就能完全满足这种渴望。通过修行，就能使精神升华，从而满足渴望。

伴侣关系中的爱也和延续生命的渴望有关。这并不是说生儿育女是性关系唯一正当的理由。当你爱的时候，你需要表达出来，性爱是你表达的一种方式，但不是唯一的方式。如果你认为是唯一的方式，你就错了。

除了性爱以外，表达爱的方式还有很多种，伴侣以其他方式相处同样也可以很快乐。如果你不能看清这点，以为性爱是表达爱的唯一方式，你就会沉迷于性爱。母亲怀抱着孩子，内心里充满了爱。父亲在电话里和儿子说话，也能表达他深切的爱。

尊重是真爱的第一要素

问题是如何表达你的爱，得到快乐。**如果不尊重对方的身体，就不是爱**。**如果性行为里没有尊重、温柔、慈悲和怜爱，就不是真正表达爱，而是表达欲望、暴力和不尊重**。在此，需要明白的是，性爱表达必须要有真爱，否则就会给自己和他人酿造痛苦。如若真诚表达爱，就应当誓愿给予对方快乐、消除痛苦和分离。因此，性爱从深层来讲是精神性的行为，是很美好的行为。

若存在不敬的成分，爱就会被毁灭。必须问自己，你和对方的性行为是否是在酿造痛苦。有时候，伴侣的情绪状况不好，如果强迫与其做爱，就表明你心中既没有尊敬，也没有爱。这好比请人喝茶，如果对方比较忙，没有时间，或者不喜欢喝茶，你硬是要对方坐下陪你一块喝茶，你就算不上是真正的朋友，或是真爱对方。尊重是真爱的第一要素，对人的心灵和身体都应予以尊重。温柔地对待对方的身体，并给予极大的尊敬，因为人是由身心共同构成的。

在梅村，我们每次给人按摩时，都会先双手合掌呼吸，在具备了完全的恭敬心之后，再去触及另一方的身体。如果是渴望激发你的动机，性爱就会具有杀伤力。如果你给人带来嫉妒、愤怒和挫折，你会知道那不是真爱。因此，我们是有可能通过亲密关系来表达我们的爱，但应当记住：性爱必须表达出真爱，而不是渴望，此外，性爱并不是表达爱的唯一方式。

无知是所有欲望的根源

我们知道追逐渴望之物是危险的。快乐是有可能得到的，但不是通过放纵欲望和感官愉悦获得的。明了无知是所有欲望的根源，你才能找到真正的快乐。如果你确切地知道欲望会带来什么危害和痛苦，那么这种欲望就会消亡。身患艾滋病会痛苦万分，还可能死去，之前若清楚了解这点，就会小心翼翼地避免感染艾滋病。因此，理解是正确行为的基础，而无知则是错误行为的诱因。

衡量行为的正确与否，就看该行为是否带来痛苦。若是给我们以及周围的人在当下或未来带来痛苦的，就是错误的行为。若是给我们以及周围的人在当下或未来带来安乐的，就是正确的行为。由此可见，衡量这个行为的标准是简单明了的。

换句话说，来自正念、专注、智慧的行为是正确的，而违背正念、专注、智慧的行为是错误的。痛苦和快乐是互为补充的一对衡量标准，我们可以参照此一标准更加看清自己的境况。如果运用这对标准，就会明白是非曲直，知道哪些事可以做，哪些不能做。

成为生活中的觉醒者

我们要想得到快乐，成为真正的菩萨，就必须每天花点时间坐下来观照自己，以及识别出那种激发并推动我们前进的能量。我们是否被该能量推向痛苦和绝望之地？如果是这样的话，我们就必须释放这种意念，寻找一种更为有益的能量来源。我们的发心应是菩提心、爱心，即爱与服务的意愿。

我们每个人的内在都有觉醒和慈悲的种子。佛教里的菩萨是觉醒的、有正念者，并发心帮助他人踏上觉醒、正念和快乐之路。你的目的就是觉醒痛苦的真相和原因，以及快乐存在的可能性。理解和慈悲的道路就是通向快乐的道路。

如果你没有强烈的欲望帮助别人获得解脱，带来觉醒和喜悦，你就不能称作菩萨，除此外，没有其他道路可以遵循。然而，若我们有正念，并对自己的意向保持觉知，我们就迅速而轻易地成为菩萨，成为一心保护众生的觉醒者。如果内在拥有很多的慈悲、智慧和觉醒，哪怕你是商人、运动员、科学家、政治家、表演者、父母，仍能践行菩萨之道。菩萨践行快乐活在当下之道，以各种化身示现。

践行菩萨之道，不必穿上僧袍，不必开悟或拥有一定的收入，也不必有何种成就。无论是穿西装打领带还是一身牛仔，都能拥有菩萨的喜悦、快乐和自由。如果拥有很多喜悦、快乐和自由，就能与其他众生分享喜悦、快乐和自由。

菩萨的内心可能有恐惧、痛苦方面的阻碍，所以会回归自我，以认识痛苦、恐惧等阻碍，拥抱它们，并将它们转化为慈悲、爱、理解和安稳。菩萨有能力回到自身，照看自己的身体和意识。生命中的痛苦不可避免，然而，安乐却是有可能获得的，这是佛陀关于四圣谛的教导。

四圣谛同样可以用于商人、僧人和介于这两者之间的人。第一圣谛是苦的存在（“苦”），第二圣谛是苦的产生（“集”），第三圣谛是重获安乐的可能性（“灭”），第四圣谛是通达安乐的道路（“道”）。

我们必须把第一圣谛和第三圣谛区分开来。第一圣谛的梵文是dukkha，意即痛苦，第三圣谛的梵文是sukha，意即快乐。这两个圣谛是完全不同的，我们常常把欲望误以为是快乐。

我们无须害怕痛苦，而要勇敢面对。如果试图逃避痛苦，就没有机会将它加以转化。佛陀教导我们，应当从食物养分的角度来看待痛苦，造成你痛苦的是你消费的东西。佛陀说："消费带来的结果即不幸，如若深观不幸的本质，甄别不幸的养分源头，就已踏上解脱之道。"

所有想成为菩萨的人必须照此去做。我们必须回到自身，照顾好自己，认识内心的痛苦，以便拥抱和转化痛苦。你必须为自己腾出时间，关注自身，然后才能去关注家庭、公司、学校和社区。

无论是艺术家、教师、父母还是政治家，都有能力成为菩萨，立刻让许多人觉醒。如果抱持这种菩萨大愿，就会拥有很多喜悦和能量，且不会受到名声和权力的吸引。从此，你充满活力，日夜积极帮助他人接触喜悦、安乐的种子，同时帮助他人理解和转化分别、恐惧和渴望的种子。因了解到自己在世上的生活是美好有益的而感到喜悦，这种喜悦是名声、政治权力和经济成就所无法比拟的。这时的你，就是示现当下的菩萨。

无论你从事什么职业，只要你真实的意向是在工作中成为菩萨，即使你没有自称为佛，你其实已经是佛了。佛陀的好友给孤独就是一位生意场上的菩萨。从事任何职业的人都能抱持慈悲心，完全活在当下。如果有社团的支持，当下的修习会带来转化、疗愈、喜悦和快乐。你和家人合成一体，努力让更多的人觉醒和转化，这是一条美好的道路。

拥有力量的最终目的在于增进快乐

力量唯独只在增进自己和他人的快乐时才有好处。活得安乐是人生头等大事，然而，大多数时候我们都在受苦，不断地追逐着渴望，向过去或未来寻求快乐。

我们知道企业的存在就是获取利润。“获利”的意思就是“从中受益”，成为菩萨在很多方面可以让人受益。如果我们的工作带来健康幸福，那么通过这种工作赚钱就没有错。如果方法上没有破坏性，反而更加促进社会公平和理解，减少我们周遭的痛苦，就有可能赚到钱。为此，我们必须舍弃对权力、财富、名声和性爱的追求。这四种欲望是相伴而来的，如果不修习正念，就会成为它们的牺牲品。

深观就可以明白，企业世界也可能给他人和自己带来很多快乐。如果所做的事情是为了给全人类和环境带来好处，那么我们的工作就有意义。即使同样是赚钱，但所做的事情却是有意义的，因为这样的工作为人类造福。

Chapter 5

快乐就是感受到
每一刻都走在正道上

如果不知道自己走在正道上，不知道往何处去，就会遭受痛苦，感到迷茫和困惑。快乐就是感受到自己每一刻都走在正道上。快乐就在当下，无须走到终点才能获得。

我们真正追求的是快乐

如果我们能抑制内心的贪欲，就会明白我们真正追求的不是财富、名声，而是快乐。因为我们想要快乐，所以会向自身之外去寻求力量。然而，在名声、金钱和性爱中是无法找到力量和快乐的。**只有回到自身，净化心灵，我们才能体验到真正持久的快乐，以及从不受到腐蚀的力量**。

没有金钱也没有名气的人有可能拥有快乐吗？许多人认为，如果没有金钱也没有名气，就没有权力，因此不能获得真正的快乐。当然，我们必须在食物、饮水、住处、衣物、身体安全以及生活的基本物质需求得到满足后，才会感到快乐。然而，极度穷困会带来痛苦、疾病和暴力，因此我在这里所说的是渴望拥有超过基本物质需求的金钱。

佛陀在证悟时，没有任何名气。在这个非凡的日子，世间大多数人都不知道他，就连他的家人也不知道他已证悟。佛陀前往鹿野苑看望之前和他共修的五位朋友，他们不知道他已成佛。此时还没有成名的他，在证悟之后，坐在菩提树下，与小孩一起玩乐。他不是因为名声或金钱，而是因为自己已获得解脱、安宁和智慧而快乐。

我们应该站在安宁、自由、慈悲的角度，而不是从银行存款的多少来衡量快不快乐。安宁、自由、慈悲等是我们能在日常生活中培养的巨大力量源泉。后来，佛陀的确闻名于世。然而，这种名声并没有使他遭殃，反而有助于他的教法和修行传播更远。这种名声不仅没有害处，反倒对许多众生有很大好处。

即使你没有金钱或名声，如果修行五大心灵力量，就会比许多有钱、有地位的人更加快乐。出人意料的是，赚到足够的钱，过上舒适、简单的生活，对快乐的人来说是轻而易举的事。如果内心稳定而自由，赚取生活所需要的钱也容易多了。如果是快乐的，在任何情况下都可能会轻松自在，也不惧怕什么。如果拥有五大心灵力量，就是失去工作，也不会感到难过。如果知道怎么过简朴的生活，就能继续保持快乐。知道迟早会找到别的工作，就会接纳所有的可能性。

内心安宁才是真快乐

我们必须区分快乐和兴奋，甚至快乐和喜悦之间的不同。

许多人误以为兴奋就是快乐，误把心里所想的或期待的某样东西等同于快乐。然而，人在兴奋之时，内心并不安宁。内心安宁才是真正快乐的基础。

假设你在沙漠里行走，口渴得快要死了。突然，看见一个绿洲，你心里清楚，只要到达绿洲，就会找到水喝，可以活下来。虽然你没有真的看到或喝到水，但是你感到兴奋、希望和喜悦，然而还没感到快乐。只有等你真的喝到水，解了渴，你才会感到快乐。如果你的内心不安宁，就体验不到真正的快乐。

有些人认为保持快乐很容易，有些人即使拥有很多快乐的条件，也不觉得快乐容易。你可以买得到快乐的条件，但买不到快乐。这就像打网球，你可以从商店里买到球和球拍，但却买不到打网球的快乐。要想体验打网球的快乐，就必须亲自去学习，并参加网球训练。

练习书法也是如此，你能买到墨汁、宣纸、毛笔，然而，若不去培养书法技能，就无法练好书法。因此，书法需要练习，需要训练自己。只有当你掌握书法技能后，你才会感觉到当书法家的快乐。快乐也是这样，你必须去培养才能获得，因为无法从商店里买到快乐。

享受脚下所走的每一步

行禅是训练自己保持快乐的好方法。站在某个地方，向旁边观看，选择某物，比如松树，然后下定决心向松树行走时，享受脚下所走的每一步，让每一步都带来宁静和快乐，滋养你、治愈你、满足你。

有些人能这样从一个地方走到另一个地方，享受脚下所走的每一步，既不受过去、未来的影响，也不受项目计划以及兴奋感等事情的干扰，甚至不受喜悦的干扰，因为喜悦之中仍是兴奋多过宁静。如果你接受过行禅训练，每走一步都能体验安宁、快乐和充实，那么你就真的能接触地面，发现自己当下所走的那一步就是一个奇迹，并且在行走的每一刻中，都能活在这种奇迹中。

不论是单独行走，还是和团体一起行走，所走的每一步都能释放出紧张，触及当下生命的奇迹。如果消除了紧张，既不后悔过去，也不担心未来，每天所走出的每一步都能触及神的天国或佛陀的净土[①]。

---

① 梵文Ksetra，译为“刹、刹土”，即地方或世界。净土，即是清净的地方，没有染污的庄严世界。

净土就在你的心中

福音书里，有一则故事，说到农夫在地中找到财宝，便回到家中，变卖所有家当，买下这块宝地。我们若知道如何在当下触及神的天国或佛陀的净土，就会像农夫一样找到最珍贵的宝藏，不必再追逐金钱、名声和权力。我一贯主张宗教精神领袖施以教诲和推动修行，帮助人们在当下触及神的天国，不再去追逐名声、性爱、金钱和权力。神的天国一直存在，问题是我们要不要去触及。

根据佛教教义，佛陀的净土就在你的心中。如果你已解脱自在，就能在当下接触生命的奇迹。法国作家安德烈·纪德说过，快乐就是上帝。我喜欢这个说法。他还说过，上帝一天二十四小时都存在。如果上帝存在，天国也就存在。然而，你有没有在享受天国呢？

佛教的情形也是如此，如果行禅得当的话，每一步都能帮助你触及佛陀的净土。因此，你可以挑战自己："我从这里行禅走到那棵松树时，发愿一定要成功。"只有当你的内心自由时，走出的每一步才能带来安乐。

别让外物主宰你生命的状态

有个比丘尼告诉我一个曾来过梅村的朋友的故事，她的朋友已结婚，拥有家庭、工作、房子、汽车，以及她所需要的一切。她认为自己的婚姻关系虽不是所期望的但还凑合，工作是轻松快乐的，薪水比一般人要高，房子宽敞漂亮。然而，她并不快乐。从理智上分析，她知道自己拥有舒适的物质生活，但是再舒适也无法使她摆脱沮丧的情绪。像她这么成功的人并不多，她知道自己是幸运的，但就是无法快乐。

我们倾向于把未来即将得到的某个东西视为快乐，就像沙漠中看见数里之外的绿洲，我们期待抵达绿洲就能获得快乐。我们以为只要拥有保持快乐的某种条件，就会快乐起来，然而，事实并非如此。

假设你认为获得学位就会感到快乐。你日夜都想拿到文凭，于是尽己所能地去努力，因为你相信将来拿到文凭就会快乐。等你拿到文凭后，在数天和数周里充满了喜悦和满足。然而，数周之后，你很快又适应新的情况，对拿文凭之事会习以为常。如果不能继续保持这种快乐，过不了多久，就又感到不快乐了。

即使那些中了大奖成为大富翁的人，通常也无法从好运中获得持久的快乐。研究发现，中奖者的情绪会在两三个月后回到中奖前的状态。在中奖后三个月里，他们并没有体验到真正的快乐，反而经历了诸多思考、兴奋和计划。三个月后，他们便又回到中奖前那种情绪状态。

也许你想要和某人结婚，心想如果不跟对方结婚就会不快乐。你认为只有和对方结婚才会获得很大的快乐。结婚后，你可能会有一段快乐期，但快乐最终会消失。结婚时的兴奋和喜悦消失后，快乐也就随之消失。你所获得的不是你所期待的和梦想的，也许你知道自己获得的东西不会持久。与你结婚的人也许有一天会背叛你，你无法确定对方是否对你忠诚，因此会感到恐惧和不安稳。

就算你有一份好的工作，你也无法确定能一直干下去，因为随时都有可能被解雇。这种没有安宁的快乐含有恐惧的因素，不可能是真正的快乐。要维持这些所谓快乐的情况，必须整天忙个不停。有了这些担心、不确定和忙碌，你会因为感受不到快乐而沮丧。

我们认为一旦条件具备，就会获得快乐，然而就算具备所有的条件，我们仍然不满足。所以，问题是，究竟依靠什么才能获得真正的快乐？答案既简单又深奥。**若想体验很大的快乐，唤醒大理解和大爱之心，就不应该把心思放在外在的东西**

上，包括形式、声音、触感、观念等，也不应该依靠任何目标来产生证悟之心与爱心。

放下形式，培养快乐

假设你对该选择哪条人生之路感到茫然，你也许认为当警察会很快乐，有的人喜欢当警察，是因为他们想要穿警察制服，想要有权力。有的人却认为当医生会带来快乐，还有的人觉得只有成为政治家才能获得快乐。

你必须选择其中一条路，但是你不确定这条路是否会带来快乐。你犹豫不决，心里在想："要是我干这一行不快乐，怎么办?"我们有这种疑虑，是因为我们根据外在形式、外表来做决定。出家为僧是一种形式，从政之路、从商之路、从艺之路都是一种形式。

既有快乐的艺术家，也有不快乐的艺术家；既有快乐的出家众，也有不快乐的出家众；既有快乐的在家众，也有不快乐的在家众；既有快乐的警察，也有不快乐的警察。因此，你不能说，你渴望的职位或职业会让你快乐。如果你认为你能根据这种外在形式来做决定和判断快乐与否，那你就错了，反而会被蒙蔽。

也许你想嫁一个有魅力、有高学历或者社会地位高的男士，因为你认为嫁给这个人会确保你的幸福。如果你仅仅是因为外貌或有钱想和某人结婚，那么你依靠的只是外在的形式，但这种形式是不断变化的。要是你的配偶失去了工作，没有名声和权力了呢？要是对方出了意外事故，不再有魅力了，怎么办？

不管你选择的是哪种形式，走的是哪条路，只要你执着这种形式，即使你出家为僧，也不能获得你想要的快乐。如果你执着出家这种形式，认为穿上僧袍、住在寺里，就会让你快乐，那你就是大错特错。僧人中也有不快乐的，因为他们不能理解和爱。

然而，如果你知道如何在生命的每一刻中培养理解和慈悲，生命的外在形式就不再重要了。因此，**成功的关键，不是看你是否出家或在家，还是当警察、农夫或医生，而是看你是否能培养快乐、理解和慈悲**。

哪里有形式、有认识，哪里就有妄想。我们根据事物的外表、外在形式做决定时必须谨小慎微。要获得快乐、证悟和慈悲，就必须自由自在，不受自己观念的愚弄。如果是深入观照某物，便会发现它的本质，不再受到它的欺骗。如果你不受外表的欺骗，就不会再遭受痛苦，并且拥有快乐的能力。

执着妄念，终不得乐

我们往往会想："要是能得到这个和其他的话，就会获得快乐。然而，若是不能得到这些东西的话，我的人生就毁掉了，我也绝不会快乐了。"我们对权力的看法，对带给我们快乐的事物的看法，可能对我们有很大的危险。只要认定对快乐的看法，就会陷入这种看法之中，这是很危险的。如果允许快乐到来，快乐就会蜂拥而至。

然而，如果只认定某种对快乐的看法，就会受困其中，快乐也不再会到来，因为你只接受这一条快乐之路，而将其他道路拒之门外。当然，**你的动机是渴望自己快乐，以及让你所爱的人快乐，然而，你对快乐持有的看法实际上却成为你和你所爱的人获得快乐的障碍**。

佛陀讲过一个已丧妻的商人的故事。有一次，这个商人出门经商，将小孩留在家中。商人离开之后，强盗来了，烧毁了整个村庄。商人回来后，发现自己的家只剩一堆灰烬。附近有一具烧焦的小孩尸体，商人见后扑倒在地，捶胸揪发，悲痛不已。

第二天，他将小孩尸体火化。由于这个孩子是他活在世上唯一的理由，于是他缝制了一个漂亮的小丝绒包，将孩子的骨灰装在里面。无论他到哪里，都随身带着这个骨灰包。吃饭、睡觉、干活，他都一直带在身上。事实上，他的儿子被强盗绑架了，三个月后，逃回家中。儿子到家时是凌晨两点钟，他敲了敲父亲新家的门。可怜的父亲躺在床上哭泣，手握骨灰包，问道："是谁啊？""爸爸，是我，你的儿子。"父亲回答："不可能啊，我的儿子已死了，我将他火化了，身边还带着他的骨灰。你一定是个淘气鬼，想来骗我，快点走吧，不要打搅我了。"他拒不开门，小男孩没有办法进去，只好走了，这位父亲从此永远失去了自己的儿子。

讲完故事后，佛陀说："如果你在人生中某个时刻，把某种看法或认识当做绝对真理，你就关闭了心门，不再去寻找真理。你不仅不去寻找真理，即使真理亲自来敲门，你也会拒绝开门。执着于观念、看法或认识，就是寻找真理的最大障碍。"

这种情形犹如爬梯子，爬到第四阶时，你也许认为自己爬到最高梯阶，不能再往上爬了，因此，就在第四梯阶停住了。但事实上还有第五梯阶，如果想爬到第五梯阶，就必须甘愿放弃第四梯阶。不断放弃旧有的观念和见解，是为了更好的观念和更真的见解出现。因此，我们必须总是问问自己："我确定吗？"

我有个朋友是做股票经纪的，起初，靠能言善辩的口才，说服客户买股票。但后来接触佛法，学到了“你确定吗”这句“真言”，就改变了自己的观念和方法。有人问他是否确定时，他说：“确不确定我不说，这是我根据此时的了解所给出的看法。”他诚实可靠，结果反而赢得了更多的客户。

寻觅正道，成为自己

我们可能发现自己的内心有一种强烈渴望要成为特殊的人。事业有成和“成为特殊人物”被看做重要的大事，然而，尽管取得许多成就，这种看法会让我们遭受很多痛苦。那么，我们该如何处理好这种成为特殊人物的渴望呢？

你是个什么样的人，决定了你的行为，以及你所做的事情。你的行为的品质如何，要看你的身心的品质。假设你想使别人快乐，热切地想让人快乐，有这个想法很好，不过，**如果你自己都不快乐，你无法带给别人快乐。要使别人快乐，自己就必须先快乐。所以，你的身心状况和你做事的质量是有关的，如果身心不健全，做什么都不会成功。**

如果知道自己有一条路，知道该往何处去，我们是有可能快乐的。如果不知道自己走在正道上，不知道往何处去，就会遭受痛苦，感到迷茫和困惑。快乐就是感受到自己每一刻都走在正道上。快乐就在当下，无须走到终点才能获得。

是不是走在正道上，要看自己每一刻是以什么具体方式过生活。日常生活中的每一刻都有可能正念地活着。保持正念的生活，既可以让自己快乐，也可以让你周边的人快乐。即使你还没做过什么事情让他人快乐，一旦你走在这道上，并且快乐地走着，就会受人欢迎、朝气蓬勃和充满慈悲，而且让你周围的人获得好处。

看看前面院子里的那棵树，它似乎什么也没做，只是立在那儿，刚劲有力又美观，谁都能从中获得好处。这就是生命存在的奇迹。如果树木非树木，大家就会有麻烦；如果树木成为真树木，大家就会有希望、有喜悦。

因此，**能够成为自己，就已经是爱，就已经是行动**。**行而无行，无行就是修行**。有的人"做"了很多的作为，制造了很多麻烦。即使他们出于善意，可是给予他们帮助越多，制造的麻烦就越多。我们周边的很多激进分子，内心既不宁静，也不快乐，他们的所作所为制造了很多麻烦。

因此，我们想要做的，就是以一种方式存在，以便让自己时时刻刻都有可能获得宁静和慈悲。以我们存在方式为基础而产生的言语和行动，反而是有所帮助的。如果少让人受苦，多让人快乐，你就会感到很快乐、很有收获。

为善去恶，调伏自心

比丘尼感到快乐，不是因为她有权力或名声，而是因为她知道自己的存在能帮助很多人。觉得自己对人有帮助，对社会有用，这就是快乐。拥有一条道路，并享受路上的每一步，表明你已是了不起的人了，不必成为其他重要人物。你已经是自己想要成为的人，并修习着“无行”之道。

我年轻出家时，了解到佛陀的教诲可以总结为四句短话。有人问佛陀如何获得快乐，佛陀说诸佛都教导了同样的东西：

诸恶莫作，
众善奉行，
自净其意，
是诸佛教。

当时我印象不深，心里却在想：“这太简单了吧。谁都会同意行善，不做恶事。调伏和净化自心，这个说法太模糊了。”然而，在修行六十五年后，我对这一教法有了不同的理解。经过认真思考后，我发现这四句话很有意义。

现在我明白，不做恶事，就是不去做给你和其他人，包括其他众生和环境，带来痛苦的事情。正念可以帮助你判断哪些是善事或恶事，懂得做某件事给自己和周边的人带来的是快乐还是痛苦。如果不做恶事，就是在修习慈悲，因为你避免了把痛苦带给自己和他人。修习慈悲，就是在修行快乐，因为有了快乐，就没有痛苦。因此，努力去行善，去做给自己和他人带来安稳和喜悦的事情。

你修行爱，修习慈悲，明白修行爱会带来快乐。没有爱，快乐不可能存在。所有伟大的精神导师都教导人们要去爱，具体的方法就是给人带来快乐，避免造成痛苦。

行善，说起来容易，理解也容易，但实际上做起来却并非易事。**行善完全取决于如何净化和调伏自心。心是一切的基础**。

佛陀说，所有的痛苦都来自心，所有的快乐也来自心。净化自心就是要转化感知事物的方式，消除错误的认识。消除了错误的认识，就会消除愤怒、憎恨、分别和贪念。

我们的心会被三种毒物所毒害：第一种毒物是贪欲，第二种毒物是憎恨或暴力，第三种毒物是妄想。净化自心，就是中和、转化内在的这些毒物。你可以运用正念、专注和洞察三种智慧能量来中和这些毒物。

如果心中充满困惑、愤怒和贪欲，表明你的心不纯净，即使你想要不做坏事，也无法办到。只有你明白了如何调伏和净化自心，才能轻松巧妙地给人带来快乐，避免造成痛苦。调伏和净化自心是佛教最殊胜之处。一旦心变得柔和、得到转化，我们才有可能获得快乐。

练习正念呼吸和行走

从这里开始往松树方向先走出一步，训练自己走这一步时要有正念、专注和智慧的能量。确实练过行禅的人，就会发现所走的每一步都会产生正念、专注和智慧的能量，并且带来很多快乐。如果照此方式行走，首先会觉知到自己正在走出一步，而这就是正念的能量。**我活在当下，正在走出一步。走出一步时，就感知自己正在走出一步，这就是正念行走**。

正念可以帮助你完全地活在当下，以便能走好这一步。临济禅师说过，“真正的奇迹不是在空中、水上和火上行走，而是在地上行走”。正念、专注、智慧地行走，就是在展示奇迹。此时可以真正活在当下，去触碰自己和周边人内在生命的奇迹。

我们人类发明了很多种机器，节省了大量的时间。电脑就是其中一种，它运行的速度比打字机快成百上千倍，我们可以用它来创造奇迹。过去农场耕地需要好几个星期，现在机器耕作只要几天就可以完成。有了洗衣机，就不必再用手搓洗衣服了。有了自来水，就不必出门去取水。尽管找到了很多节省劳动的方法，然而，我们却比我们的祖先更加忙碌，这是自相矛盾的。为什么会这样？因为我们获取了很多东西，心里感到担心，于是不得不努力工作，以防止失去它们。因此，即使拥有很多，仍会遭受痛苦，感到沮丧。

医药制造商们说，当今社会消耗最多的药品是镇静剂和抗抑郁药，数量大到无法统计。佛陀在谈到调柔和净化心灵时，并没有提到过镇静状态。

我们让自己吸进很多毒素和有毒的物质，让自己所创造的世界凌驾自己。我们无法逃避，即使在睡眠中也是如此。然而，只要了解到，我们原以为会带来快乐的那些基本条件事实上可能会带来沮丧、绝望和失念，我们还是可以获得安宁和快乐。

我们必须先从呼吸开始，必须正念分明地吸气，觉察自己是活着的，觉察自己每一分钟都可触及周边和内在的生命奇迹，以便转化和治疗。我们必须学会用腿在当下行走，因为所踏出的每一步都会带来转化、治疗和滋养。

大多数人都会像梦游者那样走路，尽管人在走路，心却不在走的路上。这样走路，我们无法体验到生命或生命的奇迹，更没有什么快乐可言。我们梦游般地度过自己的生命，我们的人生犹如梦幻般不真实。**要培养真正的力量，就得从梦中醒来。正念分明地走出一步，就有可能带来觉醒，将自己带到生活中，带到活着的奇迹上来**。

由于正念包含专注，只要有正念，就会有专注。你在走路时，对自己的脚步专注的程度不一，也许只有百分之五十、六十或九十的专注，然而，你越是专注，就越有可能突破，生起智慧。正念会产生专注，专注会产生智慧，智慧正是我们修行的结果。就像橘子树结出橘子来，智慧也会带来无常、无我和圆融无碍的真相。

观照无常与无我

无常是指一切都在变化，包括行禅时体验到的快乐也在变化。快乐像所有的现象一样，都是无常的，只能持续一步长的时间。如果下一步没有正念、专注和智慧，快乐就会消失。然而，你若是了解自己在走第二步时也能产生正念、专注和智慧这三种能量，你就拥有力量使快乐持久些。这就像蹬自行车，只有不断地蹬踏板，才能继续向前。

快乐是无常的，但是可以更新。你也是无常的，也可以得

到更新，就像你的呼吸和行走一样可以重新开始。体验事物无常的你，并不是恒常的。你是以无常之身心去体验事物的无常。如果快乐可以更新，你也可以更新，下一刻的你就是这一刻的你的新生。了解到快乐只持续吸一次气或走出一步那么久，是件神奇的事，因为只要懂得如何产生正念、专注和智慧，就知道在下一次吸气或走出下一步时能重新获得快乐。

洞察无常，会引发对无我的智慧。如果我们追求的是个人的快乐，获得的满足感最终都会逝去，因为个人的快乐是不可能得到的。我们的快乐与存在，取决于其他人和物的快乐与存在。这就是对互相依存，即万物互相联系的智慧。父亲知道如果儿子不快乐，自己就无法真正快乐，因此父亲在寻找自己的快乐时，就是在为儿子寻找快乐。**正念分明地行走，不只是为你自己一人，也是为了你的伴侣和朋友，因为你没有痛苦的那一刻，他人也会从中受益**。

当你走出正念的一步，可能看似是为自己一人走出一步，努力寻找些许安宁、稳定和快乐。然而，只要具有智慧，就会明白你为自己所做的好事，同样也为所有的人在做。家里或公司里只要有一个人在修行，那么这种修行就会让所有人受益，不仅仅是修行者受益。如果这个人正确修行的话，就会获得对无我的智慧，并且知道自己是为了所有人而修行。

也许你觉得自己在做家里或公司里大多数的事情，便对他人产生愤怒，觉得他们应当受到惩罚。愤怒的情绪或分别心生起后，修行者应认识到，如果任凭这种负面的能量继续的话，对自己和他人都是不健康的。

一旦你触及无我的本质，就能轻易地转化这些负面的思想。练习正念呼吸和行走，是为了认出愤怒的情绪，拥抱愤怒，并对它加以转化。如果无明（相当于无知）的因素不存在，愤怒的因素就会被转化。你不只是为了他人受益而转化愤怒，也是为了你自己，因为你会明白自己和他人并没有分别。具备了对无我的智慧，就不会再去寻找那种使别人受苦的快乐了。这种智慧不仅让你获得自在，也让世界获得自在。

我祝愿你能顺利地从这里走到那棵松树下。带有正念、专注和智慧地走出一步，就能接触当下，触及生命的奇迹。忘记那些你长时间以来所追求的快乐的条件，比如金钱、权力、财富和性爱，因为你知道，就算得到这些，仍然不会快乐。你要的是真正的生活、真正的快乐和真正的力量。

Chapter *6*

真正的幸福
源于内心的觉悟

不要执着于外在的导师，因为外在的心灵导师有可能是假的。如果能向内心的导师寻求庇护，就像海浪对自己身为水的本质有信心一样，永远不会失望。

我们若是追逐自己的贪求和虚假的力量，就会错失对爱的体验。具备无常、无我和相互依存的智慧，我们就有机会体验到真正的爱。法国作家安东尼·圣埃克苏佩里说过，相爱，并非两人对坐凝视对方，而是都朝同一个方向看。我们都应深观自己的人生，是否具有这种爱的体验，如果具有，看看到了哪种程度。

我们每个人都有需求和渴望，若是爱上某个人，自然就有观看这个人的倾向，希望在此人身上看到我们正在寻求的善良、真实和美好。我们渴求真诚，喜欢追求神圣、美好、良善和有益的东西。很多人认为，一旦在他人身上找到这些品质，就会感到不再缺乏，不那么孤独了。

我们习惯于向身外寻找

刚开始，我们都从他人身上寻求美、真和善。许多人相信只有少数人具有这些品质。若是在某个人身上找到这些品质，我们或许会因为相信自己已发现真、善、美的本质，而喜欢上这个人。我们必须在寻求上谨小慎微，因为我们可能会有错误的认知。有时，我们以为那美是真实的，可那并非真正的美；以为那真是真实的，可那并非真正的真；以为那善是真实的，可那并非真正的善。因此，我们会根据错误的认知，爱上他人。

经过一段时间，我们对此人有了了解，便发现我们之前的认知是错误的，因为这个人不是我们寻求的真、善、美的体现，于是说此人欺骗了我们，因而为此感到痛苦。然后，我们再去寻找其他的人，寻找自己爱的那个人，我们失败了很多次，结果是殊途同归，慢慢地产生厌倦，或者不去和人约会了。如果我们长此以往，只会一辈子不断寻求自己爱的那个人。

起初，我们每个人都会感到缺少什么，觉得自己并不完整，只是其中的一半而已，于是到处去寻找自己的另一半。我们就像没有盖子的平底锅，一直在寻找盖子。**我们的心里有自卑的情结，总是认为自己没有那种真、善、美，这种情结深深烙在每个人的心中，而且我们还会认为自己一文不值**。我们虽然口上不说这些想法，也许根本就没有意识到过，但心里总觉得自己没有真、善、美。

人人都有真、善、美

由于我们渴望拥有真、善、美，即使在表面上也要试图装作好像拥有真、善、美的样子。我们希望给他人展现自己的良善与美好，即使外在只是这样也行。我们的内心相信自己其实既不美好也不良善，于是试图用化妆品、衣服、饮食或整形手术来改善自己的外在。**我们希望自己看起来更真实、更有见识，因此去寻找值得研究的东西或非凡的体验，以便给自己带来名望**。于是，我们也就用头衔和奖状来装扮自己。

我们都在自欺欺人。内心上我们觉得没有真、善、美，同时却又急切地向他人展现自己有多么真、多么善、多么美。于是，我们就这样自我欺骗了无数个世代。殊不知，我们在欺骗他人的同时，也被他人所欺骗，我们都是自欺欺人的受害者。我们试图装扮自己，以便让自己看起来不那么丑陋，事实上，其他人也是这样装扮自己。

一天晚上，佛陀坐于菩提树下证悟实相时，发现一件让他惊讶不已的事，这件事若是我们发现也同样惊讶不已。他恍悟到人人都具有真、善、美，但是很少人知道这点。人们认为真、善、美存在别处和他人身上，不知道自己的内心深处就有真、善、美。我们总是认为自己身上缺失真、善、美，于是终其一生都在他人身上寻找。

众生皆具完全觉悟的本质

佛陀在证悟时说：“甚是奇怪，众生皆具完全觉悟的本质，却无人知道这点，因而生生世世在苦海中沉浮。”

倘若我们认识到内心有真、善、美的本质，就不会再去寻找外物，不会四处徘徊，觉得有所缺失。我们能够不去欺骗他人，不用装扮自己，因为我们已发现真、善、美就在自己的心里。

我们就像大海的波浪，认为自己脆弱而丑陋，其他的海浪却是美丽而强大。这样的波浪也有自卑感。然而，一旦接触到自己的真性——水，波浪就会看见水超越美丑、高低、彼此等诸多概念。不管是巨大的波浪还是微细的波浪，不管是形成一半的波浪还是三分之一的波浪，仍然是由水组成的。水超越了所有这些特质，它既无生也无死。波浪只是水而已，单就水而言，所有的波浪都是平等的，因为所有的波浪都是水。

世上的每个人，无论男女、贫富、是否受过教育、生病与健康，他们都有真、善、美的基础。不要到自己的身外去寻求

了，因为你要寻找的东西已在你的内心了。所有众生的内心都有纯净、清明和完整的本质，每个人必须回归自身，才能适当地触及内心的真、善、美。一旦触及内心的这种本质后，不仅不会生生世世去寻找，还会对自己产生坚定的信心，从而获得快乐和安宁。

真正的快乐，在于了解和接纳自己

佛陀说，我们每个人的内心都有美，但是如果我们在家庭、社区和职场得到与此相反的讯息，我们就难以接受这点。许多人以为职场不是个安全的地方，通常在工作时，害怕别人反对自己，害怕做自己，为了让人接受而改变自己。如果快乐完全取决于别人对自己的看法，你就会对自己没有信心。于是，一旦你不被他人认为是美的、有价值的，你就会痛苦。因此，**想要使自己变成别人，想要拥有其他的特质，才是痛苦的根源**。

一朵花并没有这种恐惧，它和其他种类繁多的花儿一起立于花园中，有些是粉红色或黄色的，有些有很多花瓣，有些则有几片花瓣，但是一朵花从不模仿另一朵花。不要试图去成为他人，不必去做整容手术。宇宙聚合一起，帮助你以这种面貌出现，你原本的样子就是美的。做自己，才是美的内涵。不必让别人接受自己，你必须接受自己才对。生为莲花，就要像莲花那样美，不要努力变成木兰花。如果你渴望获得他人的接纳和认可，为了满足他人对你的期许而努力改变自己，你就会一生受苦。真正的快乐和真正的力量，在于了解自己，接纳自己，对自己有信心。

一味寻求认同，只会让自己受苦

有一个年轻人来到梅村出家。他渴望他人对他的相貌和才华认同，却遇到很多麻烦。他的一生都在寻求他人的接纳，以为出家就能获得接纳，但是他仍然痛苦不堪。比如，如果三四个出家人愉悦地交谈，一旦他加入进来，这种快乐的气氛就没有了。这不是因为他们想排斥他，而是因为他渴望认同的这股能量主导了环境，使得他们在他身边很难快乐起来。

一天，我叫他进来，并对他说："寻求别人的认同，让你遭受痛苦啊。也许你可以尝试着做自己，和别人相处时不要期许他们的认同。如果通过修习正念，看到僧团中其他人的痛苦和需要，那么心中渴望获得认同的需求就不再那么强烈了。若是这样去和别人相处，别人就会更容易接纳你。如果你真的拥有美好的品质和天赋，他们自然就会给予认同。”

起初，这名僧人无法接受我的观点，多年来追寻认同的想法一时难以扭转。但是，慢慢地，他开始不去寻求别人的接纳，此时快乐悄然而至。

我们对什么是美的、什么是有价值的有自己的看法，这些看法可能会成为我们获得快乐的障碍。我们浮想联翩，心里算计，因此而遭受痛苦。我们害怕他人对自己评价，使自己感到不安的正是这种害怕的心理，而非他人实际的评判。痛苦完全是自心创造出来的。

修行爱，要培养平等心

佛陀所教导的爱的修行是非常清晰的，修行爱，就要培养平等心，这种平等心来自对无我的智慧。倘若我们懂得每一个东西都是由其他东西所组成的，我们就不会寻找完美的伴侣或渴望个人认同。我们能学会以平等心来观看他人与自己。世上示现的万物都是奇迹，倘若练习用平等心的眼睛来看待事物，会有助于我们把自己看做生命的奇迹。

确实有些时候你和他人之间真的缺乏理解，或许你被很多人误解，然而你不必为此而受苦。你只需适当地过好自己的生活，不用多久，他人就会改正对你的错误看法。你知道自己内心的想法，知道自己的心的变化。

如果每天都能以理解和慈悲产生正面的思考和良好的见解，如果每天都练习说爱的语言，如果每天都有好的行为，你自己会知道，你的价值也会自现于周围人的面前。这可能需要数天或数个星期时间，甚至数年时间。但是，如果你知道自己是谁，就不必再遭受痛苦了。不断了解自己和训练自己，以便产生越来越多的美好思想、言语和行动，这样就会给自己信心，还能转化其他一切。

真善美是力量的基础

请记住，第一种心灵力量是信念。佛陀和其他伟大精神导师都不希望我们变成依靠别人来获得信心的奴隶。佛陀不希望人们依赖他，他清楚地说过，“你的内心就有你所寻求的东西”。在我们的本性中，就有导师可供我们求助和庇护。我们要对自己心中的本善、本美和本真有信心，必须回归自身，发现真、善、美。真、善、美是你自身存在的基础，也是真正力量的基础。

我们要以这种智慧去观看我们所爱的人。我们可以对所爱的人说：“我们不要再那么狭隘地生活了，让我们回归到自己的本质，不再相互欺骗。我们不需要相互欺骗，因为我们要寻找的，已在我们的心里。”然后，你们俩成为心灵道路上的朋友，共同踏上寻求内在本质之旅，而不是向外求索。

我们爱上一个人，便会感到坚强有力，便会因为找到理解自己的伴侣而感到快乐，这样的能量是纯净而美妙的，但是我们必须用正念来呵护。如果不懂得如何呵护爱，爱就很容易转变成苦。如果心中有理解，我们在给对方安乐时，就会知道哪些该做，哪些不该做，这种爱就是真爱。我们可以通过深入倾听和多用爱的语言，来滋养理解之心。没有真爱，根本就不会有快乐。

让爱永无止境

当你相爱时，若没有五大心灵力量，你就有可能依赖对方的美或善，而不依赖自己的。如果你有正念和专注，就会知道如何对待自己的爱，这份被呵护的爱就不会让你和所爱的人受苦。爱是一种能量。爱是产生更多贪求、忧虑和恐惧呢，还是带来宁静、慈悲和解脱呢？佛教鼓励大家要像母亲爱自己唯一的孩子那样爱众生，这种爱就是无尽的爱，是巨大的能量源泉。只要具备正念、专注和智慧的力量，我们就能把有限的爱转化成无尽的爱。

佛陀曾说真爱由四无量心组成：一是慈心，即充满慈爱，带来快乐，梵文为 maitri；二是悲心，即减轻痛苦，梵文为 karuna；三是喜心，即每天带来喜悦，梵文为 mudita；最后是舍心，即以无分别心对待，梵文为 upeksha。只要有真爱，就没有分别。他人的痛苦就是我们自己的痛苦，他人的快乐就是我们自己的快乐。

如果从无分别的角度来看，快乐和痛苦就是集体共同的感受，而不是某个人的感受。如果不理解另一半，不分担对方的痛苦，你们之间就没有真爱，这样只会消耗对方，达到满足个人要求的目的。真爱的特点就是关心和尊重。**如果有关心，就会看到对方所受的苦，不会给对方继续增加苦；如果有尊重，就不会继续给对方带来痛苦**。

为了让爱有意义，我们需要滋养菩提心，即无限的爱和慈悲之心。即使是有限的爱也能帮助我们，任何一段关系都是了解我们自身处境和世界状况的基础。我们不仅在内心能培养信念、精进、正念、专注和智慧这五大心灵力量，还能支持所爱的人培养这些力量。首先，我们学会以全部的理解和智慧去爱对方，然后将这种爱延伸到其他的人，直至我们的爱无边无际。

禅修时可以深入观照自身，滋养喜悦宁静，拥抱痛苦，将痛苦转化成智慧和解脱。爱和禅修并无不同，好好对待爱，就能让爱化为心灵的力量。我们所做的就是把有限的爱转化成真正的爱、无限的爱，让我们和别人都获得慈悲、转化和疗愈。

摩登伽女的真爱之路

阿难是佛陀的堂弟，有一天他出外化缘，走到半路上渴了，便来到水井边乞水喝。井边有个年轻女子，名叫摩登伽，是属于贱民阶层。在印度种姓制度中，阶层较高的人通常不会触碰或接近贱民阶层，以免受到贱民阶层的污染。因此，阿难乞水喝的时候，摩登伽女说："不行，不能给你水，我是贱民，你会被污染。"阿难说："佛教的教义并没有阶级之分，佛陀说众生平等，所以你可以给我水，我不会被污染，别怕。"摩登伽女十分高兴，用勺子舀水给阿难喝。阿难合掌感谢她，随后回家。

摩登伽女爱上了阿难，睡不着吃不香，一直想着阿难有多英俊、多善良、多亲切。摩登伽女的母亲见到女儿接连数周都郁郁不乐，便想要帮女儿的忙。

有一天，母女俩遇见阿难前来化缘，就邀请阿难到家里来，以便把食物供养给他。阿难进门后，母女俩给了他一碗茶，这茶是用迷魂的草药泡成的。阿难喝下这茶，就觉得有点不对劲，却又不知道怎么办，心里只知道自己身处险境，于是便开始静坐禅修。阿难什么话也没说，只是盘腿坐着，开始专注呼吸。

在祇园精舍的佛陀对阿难还没回来感到奇怪，便派两名僧侣去寻找。僧侣在摩登伽女的家里发现阿难正在禅坐，同时见到摩登伽女哭得很伤心，所以他们把她连同阿难一起带回祇园精舍。阿难回到精舍后，茶的药效消退了，阿难跪在佛陀的面前敬拜，感谢佛陀派人把他带了回来。

接着，摩登伽女进来了。佛陀请摩登伽女坐下，说："你真的这么爱阿难吗？"摩登伽女说："对，我很爱他。"佛陀说："你爱阿难什么？爱他的眼睛吗？爱他的鼻子吗？"

摩登伽女回答："我爱他的眼睛，爱他的鼻子，爱他的耳朵，爱他的嘴巴。阿难的一切，我都爱。没有阿难，我活不下去。"

佛陀说："阿难有很多优点你还没看到，要是你看到了，你会更爱他。"

"还有什么？"摩登伽女问。

佛陀微笑道："还有阿难的爱，阿难的菩提心。你看见的只是他的眼睛、鼻子、耳朵、嘴巴。阿难年轻时就放弃了家里优裕的生活，出家为僧，为的就是要帮助许多人。只和一两个人在一起是无法让阿难快乐的，因为那种快乐太渺小。阿难出家是为了帮助许多人，他拥有一颗众生平等之心，想要爱众生。他却不只要爱一个人，而要爱成千上万的人。阿难的菩提心很美，要是你能看见的话，就会更爱阿难。”

“如果你真的爱阿难，就会帮助他实现出家的远大志向，帮助他实现菩提心。阿难就像凉爽的微风，要是抓住微风，关进小箱子里，就会失去清新凉爽。阿难就像蓝天上美丽的云，要是想捉住云，把云锁在箱子里，就会害死阿难。你还没见过阿难最美之处，要是见到了就会更爱他，而且会爱到让他做自己，就像帮助浮云做一朵飘在蓝天的云。

不要以为阿难是唯一拥有美丽抱负的人，你也拥有这样美丽的抱负。如果你真的爱阿难，看得见他的菩提心，那么你也可以像阿难那样生活，回归自身，看见自己也有菩提心，并对阿难发誓说，你也会尽可能帮助许多人获得快乐。”

摩登伽女听到这个，很是惊讶，便说：“我没有什么用处，我是贱民，不可能让别人快乐。”佛陀说：“可以的，你已经做了，你的内心已经拥有真、善、美的本质，这是大家都有的。如果我们能回归自身，触及内心真、善、美的本质，就会对自己的真、善、美生出信心，从而把快乐带给许多人。”

摩登伽女问：“真的是这样吗？我真的可以像阿难一样出

家，帮助成千上万的人吗?”佛陀说：“是的，为什么不可以呢？如果你能触及内心的真、善、美，生出菩提心，就能像阿难一样，把快乐带给许多人。”

摩登伽女经佛陀点化，开启了智慧，于是便触地顶礼，出家为尼，将一己小爱化为众生的大爱。

拯救侍者维喀里

同样也是在佛陀的时代，有一位僧人叫维喀里，他喜爱佛陀，但他的爱非常肤浅，只是把佛陀视为光明的化身。他只要坐在佛陀身旁，就感到非常宁静、快乐、满足，但他并不专心谛听佛陀的法语，只是盯着佛陀看。

他即使盯着佛陀看，也只是看见佛陀的影子，看到佛陀小处的美，却看不见佛陀崇高的智慧和大爱。无论他身在何处，只想陪伴在佛陀身边；无论坐在何处，只想坐在佛陀附近。

一段时间过后，佛陀发现维喀里内心依旧软弱，便决定不再让他待在身边，不准他做侍者。维喀里以为佛陀抛弃了他，不再爱他，便想自杀。佛陀知道他想不开，便试图寻找方法拯救他。

佛陀来到维喀里面前，问他：“你在做什么?”佛陀帮助维喀里了解他的爱并不是僧侣深沉的爱，而是肤浅的执着。佛陀告诉他，他自己的内心深处就有真、善、美的存在，应该向内寻求，而不要向外追逐真、善、美的形象。

我们所寻求的，就在我们心里

起初，人们会对美丽的形象着迷，因想要拥有美丽的形象而受苦。不过，他们醒悟后就会发现那不过是虚幻，然后就会抛弃这个形象，寻找另一个着迷的对象。他们可能会终其一生都在追寻，代代如此，找不到真正所爱的对象。

然而，如果能遇到一个对自己的真、善、美有坚定信心的人，我们就可以把这个人视为自身的投射，以便回归自身，触及自己内心真、善、美的本质，然后就能获得快乐，终止我们的追寻。我们可以不只爱一个人，而是爱护众生、服务众生，而佛陀一生所为，正是在拯救众生、爱护众生。

好的心灵导师会说，我们的心里也有一位心灵导师。我们必须向内心的导师寻求庇护，不要执着于外在的导师，因为外在的心灵导师有可能是假的。真正的导师总是会鼓励我们触及内心的导师，如果能向内心的导师寻求庇护，就像海浪对自己身为水的本质有信心，永远不会失望一样。

真正的导师在我们的内心里，而我们真正要爱的对象也是自己。我们必须懂得爱自己，回归真正的本质，看见自己内心的真、善、美，然后就能看见别人心中的真、善、美。我们看见了自己和别人心中的真、善、美，就再也不会受到外在表相的蒙骗。

我们爱人的时候，有责任看清对方，不要让错误的看法蒙蔽了我们的双眼。真正的善含有真正的美和可靠的真，这就是相互依存的智慧。真总是美的，善总是美的，而美总是具有真与善的特质。

我们可以和所爱的人一起练习触及内心的真、善、美，这不但能帮助自己，还能帮助其他无数的人，这就是佛陀之道。无论我们是僧是尼，是人夫还是人妻，是他人女友还是男友，都必须停止欺骗自己和别人，也不要让别人欺骗我们。唯有认清我们所寻求的就在自己的心里，方能大彻大悟，离苦得乐。

Chapter 7

家庭与职场中的慈爱沟通

说慈爱的话与专注倾听十分重要，我们必须表现出理解心。别人的一言一行也许是因为缺乏观照与理解使然，惩罚他们只会让情况更严重而已。

爱就是陪伴

你看见了自己心中的真与美之后，就能看见所爱的人心中的真与美。**爱一个人，就是要为他而在并重视对方。全心全意为他而在，并珍惜对方的珍贵，就是实践真爱**。要真正为对方而在，就得先为自己而在。你有没有时间给自己呢？有没有时间专心喝茶、吃橘子，或者吸一口气、呼一口气？有没有时间专心走路，暂时抛开工作上的事情？

如果你不了解自己，不能接纳自己，就不可能了解并接纳别人。修习正念可以帮助你触及内心深处，进而了解自身的痛苦、困难和最深的向往。

首先，你自己可能就有缺乏沟通的情形，你的身体和意识一直在对你传达许多信息，但你可能没有时间倾听；你的肝脏可能承受很大的压力，但你还是继续喝酒；你的身体可能在恳求你慢下来或休息一天，但你一直逼迫身体更努力工作。

你可能没有陪伴自己的身体，不够在乎自己的身体，或者不知道倾听身体的声音。你的意识里可能有一些痛苦，但你不知道倾听意识的声音。

回归自身

慈爱沟通第一步就是回归自身，通过正念呼吸，踏上回归自身的大道，触及内心及周遭生活的喜悦、美妙。练习正念于呼吸、走路、做早餐，就可回归当下自身，觉知自己的身体、感觉、看法，认清痛苦并加以转化。

如果生出愤怒的情绪，就觉察这股愤怒；如果生出恐惧的情绪，就觉察这份恐惧。你要一直陪伴自己。“早上好，我的小愤怒。我知道你在那里，我会好好照顾你。”“下午好，我的恐惧，你来了啊。我知道你一直都在，你是我的老朋友，我会花时间照顾你。”接着，练习正念走路、呼吸，承认恐惧或愤怒的存在，安抚它们。

了解自己、爱自己，是了解别人、爱别人的基础。第一步就是要回归自身，照顾自己，了解自己，接纳自己，对自己慈悲。

亲爱的，我为你而在

你能给所爱的人最珍贵的礼物，不是金钱、权力或名声，而是真正的为他而在。爱对方就是为对方而在。如果你的心不在，又怎能爱对方呢？你身心的质素非常重要，你让对方感受到你的清新、爱和理解。练习正念呼吸、走路，就能让心回到身体，让自己处在当下，全心全意，然后就能走到所爱的人身边，说出第一句爱语：**“亲爱的，我真的为你而在。”**

你其实什么也不用带，只要全心全意为对方而在就好了。有了正念修习所生出的理解和慈悲，你的存在就可以让对方获得清新、滋养和疗愈。

我认识十一岁的蒂姆，他生日前一天，父亲对他说：“明天是你的生日，告诉我你想要什么，我给你买。”蒂姆听了却不高兴，他知道父亲有钱，什么东西都能买给他，但是他什么都不想要，也不需要更多的东西。他只需要一样东西，却很难得到，而这样东西就是父亲的陪伴。蒂姆的父亲很少在家，就算在家，心思也不在。他看似坐在家里，但是只有身体在，思绪都放在别的事情上。对蒂姆来说，这就好像没有父亲一样。所以，蒂姆对父亲说：“爸爸，我要你，其他东西我都不要，我只要你。”

父亲能怎么做呢？他知道儿子需要他真正的存在，于是开始练习正念呼吸，先为自己而在，以便能为儿子而在。他来不及在儿子生日时满足儿子的要求，但一个月后，他上楼去儿子的房间，握住儿子的手，开口说：“儿子啊，现在我真的可以为你在此了。”真正地为他而在，这是市场里买不到的，那是深入的正念练习。

“亲爱的，我真的为你而在”是句意义非常深远的爱语。这不只是口头上的表白，而是爱的实践。如果心不在焉，只是假装陪伴对方，那么对方是会知道的。只要心思放在工作、担忧和恐惧上，就不是真正的为他而在。**唯有修习正念，你才能真正的为他而在**。**你所爱的人需要的是你真正的存在，而不是假装的那种**。当你说出“亲爱的，我为你而在”这句爱语时，就认定了所爱的人的珍贵存在。如果不在意对方的存在，就好像对方根本不在身边似的。要是没有专注与正念，对方就感受不到被爱。

亲爱的，有你在，我很快乐

想象你在开车，所爱的人就坐在旁边，近得你可以触碰到对方。如果你完全沉浸在工作、恐惧、忧虑和思绪里，就会完全忽略对方的存在，你会因为心中没有容下对方的空间，而孤立了对方。如果继续这样生活，对方的快乐很快就会消失，因为对方觉得自己没有被爱，觉得失去了你的关注。由此可见，务必要时不时地正念呼吸，回归自身，以便看着对方说：**“亲爱的，有你在，我很快乐。”**这是第二句爱语，十分简单明了。你用正念的能量拥抱所爱的人，而对方获得拥抱之后，也会十分快乐，犹如花朵般绽放。

如果知道正念呼吸与走路的技巧，就能在短短一两分钟后真正为所爱的人而在。清晨，我从住处走向禅堂，小路两旁种有许多树木。当我经过这些树木时，会抬头看看满月或半月。我有抬头看月亮、对月亮微笑的习惯，我会说：“亲爱的月亮，我知道你在那里，我很快乐。”这种练习也可用于所爱的人。正念呼吸，露出微笑，然后走到所爱的人身边，看着对方的眼睛，说：“亲爱的，我知道有你在，活得好好的，这让我觉得很快乐。”这种行为认定了所爱的人的存在，只要先练习一下正念呼吸和走路，就可以做到。

亲爱的，我知道你在受苦，所以我为你而在

只要全心全意地在他身边，就可能会听到所爱的人的声音

夹带着一些痛苦或悲伤。正念可以帮助我们了解所爱的人的状况，在练习正念呼吸和走路之后，就能用心说出第三句爱语：**“亲爱的，我知道你在受苦，所以我为你而在这里。”**

在你为所爱的人做事之前，只要练习说这些爱语，就能大幅减轻痛苦。如果你很痛苦，但所爱的人不知道，你就会更加痛苦；如果对方知道，你所受的苦马上就会减轻许多。这些爱语是一种奇迹，只要每天对所爱的人说“亲爱的，我为你而在。亲爱的，我知道有你在，我很快乐。亲爱的，我知道你在受苦，所以我为你而在”，你就可以真正为自己和对方而在。

如果你能通过回归自身，恢复内心的和谐与宁静，证明你不但能实践以上这三句爱语，而且你生活的质量会提升，也能帮助所爱的人回归自身，恢复内心的平静和谐。

职场上的深入观照

只要具备了正念与专注的能量，就能好好对待自己的身体和感觉，然后开始帮助所爱的人也能同样好地对待身体和感觉，而这就是慈爱沟通第二步。你既可以自己帮助对方，也可以借助团体的力量帮助对方。如果你属于修行团体、教会或修习正念的团体，帮助对方会更容易。你在团体中的兄弟姊妹会支持你，让你有足够的正念和专注，回归自身，进而帮助对方回归自身。修行稳固后，对方就会成为你的伙伴，不仅是正念练习的伙伴，也是你服务众人的工作伙伴。你们共同修行，并肩携手走在同一条心灵道路上，彼此也都更加坚强了。

无论你们是父子、夫妻还是密友，只要成为彼此团结的修行伙伴，就能把理解与支持带到事业和职场上，因为健全的人际关系是所有其他成功的基础。

在职场上，也许必须跟别人，可能以团队的形式合作，一起制作电影、设计产品或完成项目。在团队中，每个人都有各自的困难和痛苦，不过，由于你是怀抱着开放、快乐、清新和专注的态度，所以能帮助所有人触及他们自身的清新。**你不仅要关心他们的工作表现，还要关心他们的工作品质，因为工作品质取决于内在的宁静与安乐**。你是以朋友的身份参与工作，帮助每个人转化，把宁静、和谐、安乐带入他们的家庭生活与职场生活中。

与他们分享你的正念练习非常重要，但要有技巧，因为跟你一起工作的人，心中同样具有理想的服务态度。即使他们很有天分，工作很出色，你仍然需要和他们分享自己的观点。你在对待职场上的人，如其他员工、下属以及其他公司员工时，态度应该要和对待伙伴一样，必须秉持理解、支持与慈悲。你的同事应该能轻松地把他们的观点告诉你，相反的，你也能轻松地把自己的想法告诉同事。如果想要成功并好好服务客户或选民，这点就十分重要。

无论你工作多么忙，都要抽时间了解每位同事的状况，了解他们的家庭和困难。运用爱的语言并专注倾听，让他们生出信赖感，这样他们就有机会敞开心扉，把真相告诉你。要是你一直忙得团团转，也许公司里会有冲突存在。要是你不知道状况，就会犯下错误。如果你更了解情况，采取相应对策，就可以转化问题，让事情回到正确轨道，使公司获得更大的成效。

你的公司里必须有人能够了解员工，专注倾听员工所关心的事情。你可以请他们深入了解公司员工的情况，向你报告员工存在的困难。这就是练习说爱的语言和深入倾听，同时有助于恢复沟通。**如果只看到别人的问题，却看不见对方的优点，就表示你的看法出了问题。如果你对别人的看法不正确，就表示你对自己的看法不正确，也不知道自己的优缺点是什么**。

解决这个问题的方法，就是学习更深入观照，也就是真正的禅修。禅修是深入观照的技巧，如果想要深入观照，就必须训练自己保持正念和专注。意识并了解到时间飞逝这点后，就要努力学习如何过好每一刻，让人生变得更有意义。你会知道，为了提升自己的人生与周围人的人生，什么该做，什么不该做。

相互依存的观照

当你觉得职场的压力大得喘不过气时，便会知道自己正在经历困境。若运用全部的理智、慈悲与善意，你就能创造出一个不会让同事成为压力受害者的工作环境。我们总是习惯努力让工作更有效率，以为有效率就是工作速度快，但是我们必须重新思考这点。与漫不经心地工作相比，正念地工作所花的时间其实并不多，若能了解到这点，那么很多压力就会消失。我们必须练习正念，以便能以快乐、自由、稳定的态度工作，这样我们所做的每件事，即使是打扫、清洗、烹调，也能以同样的态度完成；不然，我们花费的时间就白白浪费了。

然而，如果不能为自己或家人想到这点，就无法为同事这样。如果你自己无法放松，也不能帮助家人放松，又怎能帮助员工放松呢？如果你不照顾自己的家庭，又怎能期待员工照顾他们的家庭？如果他们的家庭乱成一团，他们又怎能快乐工作且有工作效率呢？你照顾好自己和家人，也就照顾好了职场上的人。

请记住相互依存的智慧。同事和员工都是由同事和员工以外的成分组成的，如社会、家庭等。你需要慈悲地倾听员工的声音，这样他们才会跟你谈家庭的事情。如果你真的在乎，就会变成他们的朋友，而不光是会赚钱而已。你出于慷慨、慈悲而付诸行动，不仅能支持同事，也能成就事业，更有机会成功。

当困境出现时，许多人会马上做出反应，往往把其他人或团体视为敌人，职场上更是如此。我们不把彼此视为需要帮助的兄弟姐妹，反而制造出更多的分裂。因此，务必要以真诚、非暴力的方式与人互动。

说慈爱的话与专注倾听十分重要，我们必须表现出理解心。别人的一言一行也许是因为缺乏智慧与理解使然，惩罚他们只会让情况更严重而已。当公司出现问题时，我们首先就是找出谁犯了错，然后惩罚犯错的人；可是若能对犯错者给予理解，成效就会更大。理解对方就能生出慈悲心，从而接纳对方，找出能够帮助对方的方法。我建议大家，学着把那些很难相处的人看作老师，而不视为应受惩罚的人。

我们应该把彼此看作坐在同一条船的旅客，要是船沉了，大家就会一起沉入水中。如果你能让全体员工认为公司就是载着所有人的一条船，那么每一位员工就会觉得自己对公司有责任，而把自己最大的能力发挥出来。

如果你能了解员工，就能爱护、接纳、关心员工。你不仅需要员工，还需要合作伙伴，去共同服务客户。在梅村，出家众和在家众有数百人，每个人的背景和文化传统各不相同，国籍也不同，但我们生活在一起，像个大家庭，因为我们懂得和解，懂得接纳并爱护彼此。因为我们知道怎么简单快乐地生活，所以有足够的时间接纳很多前来梅村学习疗愈、转化与和解的人。

专注倾听彼此的声音

我们在职场上营造出良好沟通与和谐气氛之后，就能把这样的经验推广到客户或选民身上，最终扩展到更大的社群，而这就是慈爱沟通的最后一步。我们应该跟服务的对象不断沟通交流，不管他们是否是选民、股票经纪人、病患者等等。沟通交流应该具有开放性，这样对方才会觉得可以表达自己的痛苦，而此举就足以大幅减轻对方的痛苦。**即使你不能做任何事去缓解问题，光是倾听和表示理解，也能激发对方对你的信赖感**。这让对方知道：你不光了解对方，还在努力根除对方痛苦的起因。你和服务对象只要保持良好的沟通交流，专注倾听对方的声音，就会了解对方痛苦的本质，懂得如何转化状况。

如果你是从政者，无论是在市政府、州政府还是国会，都要全神倾听，这样才能从其他官员的洞见中获益。所有官员都有自己的洞见要与人分享，即使对方属于其他政党，也并不表示所提的意见毫无价值。如果我们认为同党派的意见都是对的，其他党派的意见都是错的，那么就是我们的损失了，因为这样的观念根本就是错误的。如果思考、讲话、行动都只以党派为准，我们就会成为毫无洞见、理解与慈悲的机器。引领我们的应该是自己的理解和洞见，以及从工作场所与选民那里所获得的共同理解和洞见。

我们当选为国会议员，不是被寄望只为了自己的信念而奋斗。你的见解也许很好，但仍可以听取别人的见解，让它变得更好。不管对方是哪个党派，只要他们有真知灼见，就应该专注倾听，真正听进对方的声音。如果对方只是为了自己的信念而奋斗，我们也会心知肚明；如果对方有真知灼见，我们就必须敞开心胸去接纳。

议员们若能专注地倾听彼此的声音，那么国会就会成为互相理解与分享的政治殿堂，社会也会更加安稳，而个体健全与制度完善也能获得维护。否则，就只是民主的表象，而不是真正的民主。当你不能再做自己，不能根据自己的洞察、慈悲、经验的基础做事时，当你必须只站在党派的立场发言投票时，就表示你并未表现出真正的自己，没有把最好的一面贡献给国家和人民。人人心中都想要贡献出最好的一面，我们应该要帮助彼此展现出最好的一面，唯有如此，我们才能真正做到服务于人民和国家。

正如从政者必须与不同党派的人合作，商界人士也可以学着跟其他公司合作，向其他公司学习，而不是相互竞争。沟通很重要，不仅公司内部的沟通很重要，各公司之间的沟通也很重要。抛开竞争，进行合作，是有可能的。如果各公司的领导层能聚在一起，深入观察世界局势，开发出最能服务社会的产品，就能想出互利的政策与工作环境。如果他们能敏锐察觉人类与其他生物的痛苦，就能相互合作，互不争夺。

放下过去的遗憾或未来的担忧

若能相互了解、彼此分享自己的见解，我们就可以继续获得服务对象的支持，在职场上会获得更多的支持和喜悦，你和另一半、同事、服务对象之间都是如此。**若能以智慧和慈悲妥善处理当下，就无须担心未来，因为未来是由当下组成的**。

即使是一个人可以做的事情，也要学着放手让别人处理。即使是佛教老师，也应该学着放手，从身边找出能帮助自己的人。一个人无法事必躬亲，让别人帮忙就是给了他们做老师的机会。也许你会很惊讶地发现，学生当中就有人比自己更善于教学和照顾团体。

因此，请不要认为自己是不可替代的，必须把自己的工作委派给别人。即使一开始你觉得对方做得没有你好，也要委派出去，然后用快乐和清新之心支持对方，如此一来，你就能和别人共同把职场转化成一股改变社会的动力。

如果你习惯于商业世界的运作模式，可能想知道正念如何运用在商业世界。如果一直专注地活在当下，又怎么能把工作做好呢？

安住当下并不是要你永远都不想过去，也不是要你不规划未来。安住当下，简单来说，就是不要困在过去的遗憾或未来的担忧之中。如果你安稳地以当下为基础，过去就成为探究的对象、正念与专注的对象。观照过去，可以获得许多洞见，同时仍以当下为基础。

过去仍存于现在，人们过去所经历的快乐与痛苦仍然存于当下。过去，你可能犯了错，笨拙地给自己和所爱的人造成痛苦。人们说，回到过去修复错误是不可能的，但若运用正念，就有可能做到这一点，因为过去是当下一触可及的。假设你以前对奶奶说了不敬的话，让她受苦，现在你很后悔，因为她已经离开人世，你再也不能向她道歉。然而，如果你深入观照，就会发现奶奶还活在你的心中，活在你身体的每一个细胞里。你深吸一口气，说："奶奶，我知道你在我身体的每一个细胞里。"然后呼气，说："对不起。"你决定现在开始要对所爱的人更体贴、更在乎，然后你就会看见奶奶对你微笑，而伤害就会获得疗愈。这种练习很好，因为过去对你仍是有用的。如果深入观照，就能从过去学到很多，并治愈过去所造成的伤害。正念地处理过去，和沉浸在悲伤遗憾里，是不相同的。

同样的，立足于当下，就能把未来视为探究的对象而带到现在，从而获得许多智慧。智慧与深入观看，跟对未来的恐惧与不确定感，也是不相同的。如果任由自己担忧害怕未来，就会损失时间，浪费生命。如果因担忧未来会不会成功而困在忧虑中无法自拔，再怎么寻思也是没用的。对未来感到焦虑并无帮助，其实未来就是现在的累积。如果能尽最大能力做好现在的事，就已经是在尽一切努力获得快乐的未来。若把精力都浪费在恐惧、紧张、绝望、担忧的情绪上，就会糟蹋了现在和未来。

你有权规划未来，但必须先放下未来，立足于现在；你必须安住于当下，才能有效规划未来。你唯一担忧的，就是如何安住于当下，如此一来，才能巧妙地照顾好未来。

如果我们继续被担忧所困，因紧张恐惧而烦忧，那么压力就会一天天累积，引发各种疾病。担忧、痛苦、不安会让身体紧张，心里产生压力，还会引发家庭和职场冲突。压力和紧张会让思绪有暴力性。如果回归当下，照顾自己，治疗所压抑的紧张和痛苦，就能减轻所受的苦，变得更加快乐。我们要接触那些能治愈我们的清新美好事物，回到当下其实就能带给我们迈向未来的力量。我们快乐，所爱的人也会快乐，此时规划及处理未来就简单多了。

如果不知道回到当下，只是执迷于未来，再怎么思考也不会有太大的帮助。我们需要思考的其实并不多，如果我们健康、轻松、快乐、清新，就能创造性地思考，轻松想出新的概念。如果担忧、恐惧、痛苦日复一日地压在心头，就会产生负面的思考，而且思绪会变得不够清晰，无法好好对待家人和工作。

保持专注，投入当下

吸气，意识到自己的身体；呼气，放松体内所有的紧张压力。开车碰到红灯时，专注呼吸；等电梯或在超市排队结账时，放松身体。专注呼吸与放松身体，对未来的成功都大有帮助。我们只需要一两个真正的好点子，就能在事业上获得成功。我们周遭的人或许有很大的抱负与冲劲，但是他们不知道活在当下，因而缺乏创意及智慧的力量，缺乏断除苦恼的力量。如果能在日常生活中练习正念，只要试一次就能击中目标。唯有思绪清晰，保持专注，才能击中目标。

如果能活在当下，专注走路、呼吸，照顾自己和所爱的人，正念和专注的程度就会与日俱增。拥有正念，就表示知道正在发生的一切。如果心中充满着担忧和紧张，只要觉察它，与它一起呼吸。若能深入观照，就能看到问题的根源；若拥有智慧的力量，就懂得如何轻松解决问题。

在这个当下，我在意我的思考是否是正思维，带着理解与慈悲的思维能滋养并转化自己，把喜悦和快乐带给自己和周遭的人；在这个当下，我在意自己说的话是否能传达理解和慈悲，是否能恢复沟通交流，是否能生出信心与和解；在这个当下，我在意自己的举止是否能表达我的理解与慈悲。若能确保自己的思考、言语、举止都符合理解和慈悲，就再也不用担忧未来，也能省下许多精力。我想要百分之百投入当下，而这是有可能做到的。如果我知道自己在当下已经做到最好了，就不怕别人现在和未来所提出的观点或见解。过去、现在、未来，三者息息相关，现在之中包含了过去和未来。

从政者若能投入当下，就不用担心下次选举能否当选；商人若能投入当下，就不用担心下一波的产品能否畅销。如果知道当下必须要做的事情，懂得照顾自己和所爱的人，就是在尽己所能做好当下的事，根本不用担心未来。**只要确保日常生活的每一刻都过得深刻，就有可能在内心生出宁静、喜悦、安乐，这样就无须担心未来了**。如果知道自己已经用最好的方式去处理当下，就不会感到绝望和不安，哪还有什么可担心的呢？

快乐源于理解与慈悲

有时，人会担心未来，是因为希望未来和过去一样成功。当你生产出广受欢迎的产品时，会感到很高兴；当你写的书卖了一百万本，你会很开心，希望下一本书也同样受欢迎。要是下一本书不受欢迎，你就会感到痛苦和挫败；如果你成功制作出广受赞赏的电影，你就会非常希望下一部电影也很受欢迎，要是下一部电影没有成功，你就会感到痛苦。同样的道理也适用于政界、商界、体育界，以及其他也把成功看得很重的专业领域上。这种现象让我学到了很多，我认为最重要的就是要对自己的作品有信心，而且确定创造的作品能表现最大的理解与慈悲。也许一百年后，会有一个人或一群人认同你的作品，你不需要在此时此处获得认同，若能看清这点，就不用受苦了。我认为一篇杰作应蕴含智慧、理解、慈悲。我在写诗或短篇故事时，最在意的就是自己有没有发挥最大的能力。我十分在意作品能否具体表达出智慧与慈悲。

若你的心中充满理解与慈悲，就能在工作时活力十足，积极进取，而所创造的作品——电影、故事、小说、诗歌也会传达出这份觉醒之心。如果你的作品蕴含着理解与慈悲，你就会拥有很大的满足感，即使人们没有热切购买，你也完全不会感到沮丧，因为你深知自己作品的价值。如果你的作品蕴含着觉醒、理解、慈悲的力量，迟早会有人看见此作品的价值，并从作品中获益。

梵高在世时，他的画作从未受到重视，但这并不表示他的画作的价值不高。我的著作《你可以不生气》，光在韩国就卖了一百万本，算是畅销书。前一阵子，我出版了《接触大地》一书，只印了两三千本，我并不急着想卖出一百万本。我知道有一些出家众和在家众在用这本小书修行及转化痛苦，我知道这本小书可以让后代的修行者获益。我不需要这本小书成为畅销书，我只需要相信这是一本好书，是一本修行的好指导书，这样我就已经完全满足了。我的快乐不是来自别人的认同，而是全由自己掌控。如果能回归当下，以正念、专注、智能的方式生活，无须担心未来，就能拥有宁静。

成功不光靠天赋

成功不是光靠天赋，而是由许多因素促成的。即使你是最有天赋的人，拥有真正的洞见，但若时机未到，还是无法成功。因此，只要尽己所能，等条件成熟之后，自然就能成功。不过，人无法确定自己将来何时能成功，这就是现实。

如果你有好的经纪人，成功的几率会比较大。有时候，一本书畅销与否，跟书的内容没有直接关系，而是要看出版商的营销手段，所以我的某一本书卖得没有另一本好，并不会让我受苦。我希望读者能接触苦、集、灭、道四圣谛，以及离苦之道。我写书的目的并不是为了获得名声、认同、权力或金钱，我没有私人银行账户，身上从不带钱，我写书所赚的钱全都用于慈善事业及人道救援计划，例如帮助第三世界的饥饿儿童。因此，我关心的不是金钱和名声，而是服务众生、帮助众生。

佛陀在世时，有许多教诲都没有得到理解和重视。至今仍有许多教诲尚未被探究实践，有的教诲是到了我这个世代才开始被了解，可是佛陀并未因此而受苦。佛陀说："我的教诲中有许多是十分难以令人信服的。"他意识到这点，但仍有勇气继续教导佛法。

无我的教诲很难理解，尤其在佛陀时代更是如此。在佛陀成长的社会中，几乎人人都相信自我，也就是相信灵魂。可是，佛陀却有勇气教导无我，对抗印度宗教界及哲学界的主流观点。最初遵循佛陀教诲的人很少，但佛陀并没有不快乐，因为他心里知道，真相会永远流传。

评判工作成功与否，通常的标准是看赚了多少钱、拥有什么头衔，以及别人对我们的成就有多认同。然而，如果每天都以菩萨心处理工作，在职场上把喜悦带给自己和别人，就拥有了成功的职场生活。你已经获得当下的成功，而当下正是唯一存在的时刻。

Chapter 8

随时随地
都可以正念修行

我们需要训练，才能擅长在当下正念分明地生活。不要试图把自己的修行方法强加给对方，只要不拘泥于形式，正念地练习如何深刻过日子就好，不用跟别人说你在修行。

万物共存相依

若缺少工作以外的因素，工作是无法存在的。工作者是职场的一部分，也是工作以外的因素。我们用来写字的纸，是由树木、阳光、水、制造过程组成的，而树木、阳光、水以及制造过程，都属于纸以外的因素。若能看见工作中含有工作以外的因素，就能了解相互依存的道理。**没有一件事物能单独存在，任何事物都得依靠另一事物才能存在**。

佛陀说："此生故彼生，此有故彼有。"这句话的意思是，无一物能单独存在，万物共存相依。同时也说明，每一个现象都会影响到其他现象，比如左边和右边，有右边就有左边，去掉了右边，左边就无法存在。这好比把铅笔的右边切掉，留下左边，铅笔会变短，可仍有左右之分。又好比花和垃圾，人们认为花不是垃圾，垃圾不是花，可是把花放个十天，就会变成垃圾；如果知道如何用垃圾堆肥，几个月之后，垃圾又会变成花。花和垃圾相互依存。

痛苦和快乐也是相互依存的。人们从过去的经验中知道什么是痛苦，在快乐出现时就能认出快乐的存在。因此，快乐和痛苦并非真的相反或对立，而是彼此相生相成。假设你是保守党成员，你很可能会把自由党成员视为敌人，但正是自由党的存在才让保守党的存在成为可能，因此，作为保守党成员，你应该希望自由党长期存在，这样你才可以存在。

如果你是公司老板，你的工作就是做好老板，为公司带来福祉，这不仅是为了员工，也是为了供应商和顾客。快乐无法单独存在，繁荣也无法单独存在。客户、顾客、商界、员工的福祉，彼此息息相关。

若你深入观照一朵花，就会发现花无法单独存在。看着花，你就可以看见阳光。要是去除阳光因素，花就无法存在，而会瓦解，因为花就是阳光，虽说阳光是阳光，而不是花，但阳光是组成花的因素之一，也是花以外的因素。

若继续深入观照那朵花，就会看见花里头还有其他花以外的因素，比如云朵。虽然云属于花以外的因素，但没有云，花就无法存在。要是你把云因素从花的身上抽走，花就会瓦解。土壤和矿物质也是花以外的因素，而花就是由种种花以外的因素组合而成的。深入观照后，就会发现花里处处都是花以外的因素。把花以外的因素照顾好，就能把花照顾好。

同样的，工作是由工作以外的因素所组成，必须关注工作以外的因素，才能把工作做好。你的安康，微笑、休息、呼吸以及照顾家庭的能力，虽然都是工作以外的因素，但是这些因素对于事业的发展却很重要。

平衡工作与家庭

相互依存的道理也可在职场上反映出来。公司经理及其家庭的安康，则会带来公司的安康；公司的安康，则会带来员工及其家庭的安康。**万物相互关联，把自己照顾好，就是把家庭照顾好；你对员工负责，公司也会因此而获利**。

许多人为了维持职场上的竞争力，不得不离开家庭，把大部分时间花在工作上。如何在家庭和工作之间取得平衡，真是一大挑战。其实，职场生活可以不用与家庭生活截然分开，比如关心家人的职场生活，把他们的困难和成功当作自己的事，鼓励他们在工作中找到意义和快乐。如果你把另一半的工作当做自己的工作，就再也不会觉得家庭生活和职场生活是截然分开的。在工作期间，人虽在职场，但也不会觉得真的离开家庭生活了。

以正念修行改善家庭生活

我们的家庭生活很重要。没有家庭，你就感受不到家庭的温暖和温柔的爱，也体会不到被深切关心与了解的滋味。我们应该把家庭变成修行场所，以正念修行改善家庭生活。若对家人一味责怪批评，就会失去快乐，甚至失去家人。我们可以学着说爱的语言与专注倾听，把更多的喜悦带给家人。虽然我们和家人在一起生活多年，但是我们不应过于断定彼此是真正相互了解的，也不应过于肯定我们懂得如何爱护彼此。**我们必须学习真正聆听彼此，深深体会彼此的痛苦，唯有如此，才能懂得照顾及深爱彼此**。

我们可以每天一起练习正念用餐。我们坐下和家人共进早餐，即使只有十五分钟，却是真心实意为彼此而在。我们真正把彼此看进心里，相互微笑。我们深知能坐在一起，是多么珍贵，而且也不会浪费掉这段时间。这就是觉知，就是正念，就是爱。

与家人分享自己的修行经验，最好的方式就是通过实际生活体验，而非口头空谈。我们可以专注地开车，享受呼吸，不去想着过去、未来、工作。遇到红灯就对红灯微笑，把红灯当朋友，而非敌人，因为红灯表示："停下来，回到你的呼吸上，享受呼吸。"工作完一天，回家开门之前，先停下来做三次呼吸，面露微笑，这样即使辛苦了一天，见到所爱的人也能愉快对待。

做早餐时，可以把做早餐转化成爱与快乐的修行。享受做早餐的每一刻，让厨房变成充满宁静、祥和的禅堂，你可以邀请另一半和孩子一起做早餐。吃早餐时，以宁静、自由的心情享受。刷牙时，能否花一两分钟自由、喜悦地刷呢？午餐后，坐下来喝茶或咖啡，以宁静、自由的心情享受，专注地喝。**拥有正念与喜悦的能量，就能立足于当下，过好每一刻。**

若是用这种方式生活几天，心情就会更加宁静、喜悦，另一半见到你，可能会问："亲爱的，你是怎么做到的？"此时，你就可以和另一半分享修行心得。不要试图把自己的修行方法强加给对方，只要不拘泥于形式，正念地练习如何深刻过日子就好，不用跟别人说你在修行。

你还是自然地走路，自然地用餐，只是此时是正念地做。你的宁静、踏实、喜悦，自然会影响对方。如果你有朋友或同事也在正念修行，可以请他们在周末或花半天跟你一起练习，因为我们需要修行团体的支持。

把正念带到职场生活

你也可以在职场上将内在的宁静传达给同事。跟同事开会时，你说话、聆听、微笑，以及全面沟通的方式，都会影响到同事。如果懂得方法的话，还能把修行之道成功带到家中和职场上。

把职场变成修行场所是有可能的。职场也是一种家庭，一种团体。我们必须照顾好职场，这样即使是工作期间，也能从宁静、安稳、自由的能量中获益。有的人能够运用正念走路、深度放松、宁静沟通的方法，把正念修行带到职场生活。

我们从一个会议室走到另一个会议室，从一栋建筑走向另一栋建筑，都可以专注呼吸，觉察到所踏出的每一步。我们可以放松身心，享受每一刻，不受担忧和紧张的情绪困扰。这就是正念走路，就是快乐安住当下。然后，等到达目的地时，内心就会更清新、更平静。

我曾经为政界代表举办过正念禅修营。有位国会议员在参加禅修营之后，给我写了一封信，他说自己改变了工作时的走路方式。他后来一直都在练习行禅，走路时完全停止思考。他的工作很忙碌，必须回答很多问题，处理很多事情。他真正能停止思考、好好休息的唯一时间，就是从办公室走到议院投票这段时间，此时他的心思完全专注在呼吸和步伐上，什么事都不想。他说，步行禅帮助他度过了忙碌的议员生活。

我们跟同事开会时，可以练习正念说话和聆听，只要注意呼吸、保持心灵平静即可。由于愤怒、困惑或恐惧的能量并未困住我们，所以我们和别人之间的沟通会更成功。

有些工作场所每天都有时间，让员工休息或深度放松，这有助于提高工作效率。若我们能放松，就能恢复良好的状态。我们可以回归自身，释放所有的紧张和担忧。建议在工作场所设立一个特别的房间，让员工躺下休息十到二十分钟。即使是坐着，也可以练习深度放松。我在欧美的许多学生把电脑设定成每隔十五分钟就会响起钟声，他们听见钟声后就放下手边的工作，做三至四次呼吸。这个方法很简单，却有疗愈、滋养的效果。

正念可以提高职场生活的品质，使我们的工作有意义，这对整体生活的品质很重要。有的工作可以减轻痛苦并有益于自己和别人，有的工作则会增加每天的压力及痛苦。世上确实有竞争的情况存在，也确实有人正在追逐更多的金钱、名声与消费，但这些都是有可能停止的，我们可以看清它们能否带来真正的快乐，能否带我们脱离痛苦。

如何才能让职场生活更快乐、宁静与慈悲？我们必须和同事、朋友思考这个问题，找到能改变现状的具体方法。我们不仅需要僧团或者正念修行团体，还需要有智慧的朋友给我们支持和指引，帮助我们踏上宁静、快乐、解脱的道路。

你也要考虑到顾客的安康，可不能把什么都卖给顾客，任何产品不得危害顾客的身体或意识。正确消费或正念消费，才能使我们脱离在社会中所制造的乱象，摄取错误的东西将会造成人们死亡。如果你制造或销售的东西危害他人的身心，就是在毁灭自己与公司。用这种方式赚钱会走向自我毁灭，而这就是相互依存的智慧。

爱与责任是事业的动机

人类对环境的影响也是同样的道理。爱与责任可以当做事业的动机，有了爱作为动机，并不会降低企业的竞争力，反而会提高利润，还能获得友谊与快乐。有了爱，就能按照五项正念修习(包括尊重生命在内)的原则生活。

如果我们只想着增加收入而破坏环境，就表示心中没有爱，也伤害了其他生物。若意识到自己正在破坏环境，我们就会无法安心自在。即使赚了很多钱，这份不自在的感觉还是会与日俱增，最后便不再快乐，晚上也睡不好。**若能觉察自己所**

造成的伤害，我们就会有勇气改变生活，保护生命。我们的动机若是出于爱，就能轻松避免伤害别人，损害环境。

正确的生活方式就是拥有一份能传达慈悲与正念的工作。即使从事的事业赚进大量金钱，但若有损环境或别人，就必须立刻告诉自己：“我事业里的爱不够，不能再继续这样下去，我必须改变，以便保护环境，保护生命。”有的企业已经这么做了，其中一家就是巴塔哥尼亚公司(这家充满慈悲的公司的故事详见附录二)。做生意时若真能秉持爱的精神，就永远不会有罪恶感，将来也不会因为罪恶感而付出很大的代价。

爱护人类与环境

我们的内心总是充满挣扎，因此必须不断地问自己：“我们的目标是什么?”我们的目标是快乐，而爱是快乐的基本元素。有了快乐，就不会去损害其他生物的生命。有的人会认为人类比其他物种及生命形式更优越，这种想法必须重新加以审视。人类是由人类以外的因素组成的，而且跟其他生物比起来，人类出现在地球的时间也非常晚。**保护其他生物的生命，就是在保护人类的生命；保护人类以外的因素，就是在保护人类。**

有的人在竞争时残酷无情，不择手段，无视企业道德；如果我们不谨慎，可能会以为必须步这些人的后尘，但我们可以选择另一条道路——爱的道路。其实，爱可以跟成功并驾齐驱，爱可以让我们比那些追名逐利的人更加成功。我们看见人们被贪婪吞没时，应该要慈悲地看待他们，因为他们追求金钱和名声时并不快乐。

我们要善于帮助他们，最好的方式就是让他们看见我们在保护及关爱人类和环境。我们在帮助别人的同时还能获得成功，这样就可以帮助他们改变。唯有依赖爱的力量，才能帮助人类跟其他生物、环境、地球之间建立良好的关系。

放下心中的“牛”

有一天，佛陀和弟子坐在树林里，他们静静地吃完午饭，准备开始探讨佛法。此时，有位农夫急急忙忙跑过来，带着痛苦的表情说：“师父，你们有没有看见我的牛经过这里？”佛陀说：“没有，我们没看见牛经过这里。”农夫说：“师父，我好痛苦，我养了十二头牛，不知道为什么，今天早上全跑了。还不只这样，我种有二十亩芝麻，今年全被虫子吃光了。我想我就要死了，没有牛，没有芝麻籽，我不知道怎么活下去？”

佛陀慈悲地望着他，开口说：“朋友，抱歉，我们没有看见牛经过这里，你可能要往别的方向找。”农夫离开之后，佛陀转向弟子，深深凝视他们，然后微笑着说：“亲爱的弟子，你们知不知道自己很幸运，你们没有牛可以失去。”

有了牛却又受苦，就是因为会害怕失去牛，每个行业的人都必须学着别把工作看成不可或缺的牛，这是很重要的修行。你必须放下牛，不受牛的牵绊。佛陀没有牛，所以永远不怕会失去牛。

佛陀接受频婆娑罗王赏赐的竹林精舍(至今仍在印度境内)，用作自己和弟子修法之处。频婆娑罗王把这个精舍献给佛陀时，在佛陀的手上洒了一点水，然后宣布：“大师，竹林精舍是您的了，给您和弟子使用。”佛陀接受赏赐时安静不语。

要是下一位国王想要收回竹林精舍呢？佛陀根本不会因此受苦，他不需要竹林精舍也能活下来。他和弟子待在其他地方，比方说棕榈树林或森林里，也会很开心。他们每天需要的就只是能坐在树下而已。佛陀虽有竹林精舍，却没有把精舍看成是他的牛。无论他有没有精舍，他都是佛陀，既自在又快乐。

在梅村，我们和数百人一起生活在四个区——上村、下村、新村和山下。我们练习不把这四个区看成是我们的牛，以后若是出于某种原因而被迫关闭，我们也能在其他地方修行，保有我们的快乐。

商人、政治家、艺术家、老师、家长以及我们所有人，都要学着别把自己的工作看成牛。你虽是在公司、组织里工作，但你是自由之身，而不是工作或牛的奴隶。你之所以工作，只是为了许多人的福祉，包括你自己的福祉在内。

让你的“马”停下来

禅宗里有一则骑快马的故事。这个男人的朋友站在路边大喊：“你要去哪里?”马背上的人转过身来说：“我不知道，问马吧!”控制方向的不是人，而是马，马想带人去哪里就去哪里，这就是许多人所处的状况。我们的事业好比那匹马，骑马的人没有能力让马停下来。

许多人就像骑在不受驾驭的快马上工作，需要有家庭氛围的职场来拯救。修习正念就像投资自己，一旦开始投资自己，就能开始减轻周遭人的痛苦，并把他们的安康当成是另一项好的投资。

要在别人身上进行投资，首先必须做个自由人，若你是被自己忙碌的事业和见解所控制的奴隶，就做不到这点。尽管你知道必须把时间用在自己、团体和家人身上，但如果被工作缠缚，你就做不到。

僧团之眼

我们都需要朋友、修行同伴和老师，才能够坚定地修行。只要三四个人聚在一起就构成了团体，就足以营造一种氛围，对抗任何专制。虽然你的眼光明亮，但你的眼光终究不如团体的眼光看得深远，而这种团体的眼光就是“僧团之眼”。当我们凝聚了彼此的聪明、专注、智能，使用僧团之眼去看现实，所觉察出的实相会比个人更多。

无论身在何处，我们许多人都会自然而然地想着工作上的事情，即使没有上班，还是会因为忧虑而想着赶紧打一通电话，处理一下工作。我们把很多时间都浪费在思考、谈论忧虑的事情上，就算心里很明白担心无法改善情况，但还是会继续想、继续谈。谈论担心的事情越多，就越是担心；越是担心，就越想要谈。

我们常常不好好珍惜上天赐给的生命。有人说时间就是金钱，但其实时间比金钱宝贵多了。时间就是生命，上天赐人每天二十四小时，不是只给人用来赚钱的，所以我们必须集合众人之力，对抗不停往前跑的动力。

要是没有僧团，没有那些受过苦而想通过正念改变的人，就无法阻止马往前奔跑。无论你多聪明、多有决心，光靠你自己是无法驯服快马的。习性的能量比你的力量还要强大，所以你需要有僧团的支持。

在职场修行的人需要团体的支持，以便落实学到的道理。要是没有那些处在同样状况的人支持你，修行就会变得很困难，甚至不可能进行。处于相同状况、有类似困难的职场人士，只要五六个人聚在一起，就可支持彼此修习正念。

若能在家庭和职场生活中获得滋养，就不会有冲突，不会觉得自己被迫去多做事情，以及与人竞争，因为我们已知道何谓真正的快乐和喜悦，不用再汲汲营营追逐下去了。**对现况感到快乐需要深厚的修行，而这绝大部分取决于看待事情的方式，以及如何运用共聚的时间**。

停止思考，专注呼吸

大多数人对工作都有责任感，但若只专注于工作，就会无法好好回应当下的整体情况。我们必须能处理当下的一切，学着专注地对待自己、家人。我们需要有东西提醒自己停止思考，回到正念呼吸。

在梅村，无论是在做事、思考还是说话，只要钟声一响，大家就会停下来，回到呼吸上：“吸气，我平静；呼气，我微笑。”“吸气，我感觉活着；呼气，我对生命微笑。”吸气和呼气至少各做三次。梅村有许多钟磬，方便我们专注呼吸。

我们不仅可利用实际的钟声，还可在电话响的时候，专注吸气与呼气，并停止思考、说话和走动。想想看，要是在工作时做呼吸练习该有多好！每次手机或电话响的时候，就可以专注地做一次深呼吸，然后再接起电话。即使电话一通又一通响个不停，这种呼吸练习也不会浪费时间。

在梅村，我们享受着呼吸和微笑带来的喜悦，这已经是在修行慈爱。时钟报时声每隔十五分钟响起时，我们就会练习呼吸及微笑。无论是在厨房还是在餐厅，只要听见钟声，就仿佛听见了心中佛陀的声音，提醒我们回归当下，邀请我们深刻触及生命。在梅村，我们很容易就能做这个练习，因为人人都在练习，没有人例外，不练习的话才奇怪。梅村期待每个人都和大家一起练习，以便获得僧团的能量支持，而每个人在练习中所产生的能量也让僧团的练习获得支持。

享受“非工作日”

你可以和同事进行“非工作日”练习，“非工作日”的意思并不是要反对工作，它对生活的每一个方面都有好处，包括工作在内，只是不让忧虑和恐惧干预这一天。我们在非工作日远离忧虑和恐惧，这个练习可以自己一个人做，用来强化自身的正念，也可以几个人一起，把心力投注于自身的安康。这个练习可视为研发的一部分，我们必须深入观照，找出增加安稳与快乐的方式，为以后公司的福祉与稳定奠定基础。

在犹太教与基督教传统中，这样的日子叫安息日。在佛教传统中，则叫布萨日。信奉佛教的僧人和在家众都会庆祝布萨日，在布萨日诵念五项正念修习的内容，团聚一堂，享受在场每个人的陪伴。在佛陀时代，每个月有四天布萨日。

不需要所有工作人员都参加，只要四五个人在一起，就可以练习深入过好生活的每一刻，专注接受所需的滋养与疗愈。他们安排一天在一起练习正念呼吸和走路，拥抱自身的困难与痛苦，并加以转化，便是练习正念之日。你也可以安排一天或半天来做正念练习，为自身、家人和工作而修习。

如果有时间的话，可以把“非工作日”变成为期数日或一周的“非工作静修班”。不过，即使只有一天，也能获得很大的改变。这类为期一天的静修日或非工作日，可称为正念日。

许多企业采用“非工作日”这个观念，会在每个季度或每半年举办活动。有一家出版社每年至少会进行四次健步行走活动，有一家电影制片公司每个月都会开展一次活动，天晴时去海边散步，下雨时就去溜冰。

你们可以三四个人聚在一起，安排一天做正念练习。在这一天，你可以训练自己过好生活的每一刻，别让工作吞没了你。在这一天，你可以远离忧虑，不再投入未来。虽然只远离工作一天，但却能完全地改变工作方式。

“非工作日”活动

我建议大家参加的“非工作日”活动有：

到森林、海边或公园散步

去山区过周末，健步行走或悠闲散步

参观与你的工作无关的工厂

骑马

观看鲸鱼，乘坐轮船旅游观光

冲浪

雪地行走或越野滑雪

在小路上或安静的街道里骑自行车

打保龄球或台球

参观博物馆

到公园野餐

参观自然保护区或植物园

非工作日可以让人重视每件事情都有专门的时间，比如吃饭、浇花的时间，以及讨论工作的时间。因此，到了吃饭时间，就练习专心吃饭，享受当下，百分之百投入到吃饭上，否则就是在以不好的态度对待食物和一起吃饭的人。这个道理很容易懂，吃饭时就享受吃饭的过程，完全投入在食物及一起吃饭的人身上，这就是生活的艺术，而且也令人愉快。

正念分明地生活

当你花时间跟孩子相处时，在这段时间里，你需要跟孩子相处，孩子也需要跟你相处。和孩子相处的这段时间，应该专注在孩子和自己身上。要抛开工作，抛开未来，抛开过去。

我们需要训练，才能擅长当下正念分明地生活。每件事情都有自己的时间，这是普世皆然的智慧，并非专属于佛教。你要百分之百投入当下正在做的事情。有时，你必须讨论工作和商业策略，此时就全心投入，练习看清工作的本质和困难。若能专注地用餐，与孩子相处，那么到了该工作的时候，就能看清手边要处理的事，提高工作效率。

我是一位作家，喜欢写故事、散文和诗歌。有时候我不写，但这并不表示我的内心停止写。我在浇菜时，就只是在浇菜。我喜欢替菜园浇水，那时心里没想着诗，也没想着短篇小说，不过我知道内心的某个角落，短篇小说正在成形。我要是不栽培莴苣，就写不了诗。

所以，栽培莴苣时必须百分之百投入，深深享受栽培莴苣的过程，然后，到了写诗的时候，诗也就写好了。开始写下诗句的那一刻，并不完全是创作成形的那一刻。练习正念地走路、呼吸、种莴苣的时候，脑子里根本没想着诗，但诗其实已经成形。

诗或任何的艺术作品，在你尚未萌发创作念头时，就已经在意识的深处中成形。你写下或表达诗句的那一刻，只是完成的那一刻，好比母亲生孩子，在孩子诞生之前，就已经孕育成形，因此，必须要有时间让心中的孩子成长。在事业和未来的规划上，也是如此。**把当下事情做好，就能带着极大的专注与智能，把其他事情做好**。

珍惜沉默与无为的时间

学习珍惜沉默与不做什么的时间，这对工作效率提高以及专注与智慧的萌发是很重要的。有一位商人曾对我说：“跟人交谈，要是有安静下来的时候，我会觉得很不自在，总想说点什么来打破沉默。我该怎么做呢?”

在梅村，沉默是珍贵的，我们称之为“止语”，非常珍惜它。沉默比黄金还要珍贵，沉默胜于言语。你沉默安坐，人格的光彩毕露，散发宁静喜悦，这就是无行。你只要坐在那里，孩子们就会过来坐在你身边。**沉默很重要，让生活可如实呈现。我们必须重新训练自己享受沉默**。

两个好朋友坐在一起喝茶，即使半小时沉默不语，也不会感到空虚。有一年我在普林斯顿大学过冬，常去拜访住在校园附近的一位老先生，他叫艾森哈特，是位数学家，也是爱因斯坦的好友。每次我登门拜访时，通常是夜里，艾森哈特会替我开门，引我到壁炉附近坐着。然后，他的妻子奉上茶，而我和他就只是坐着度过一小时，他没说话，我也没说话。最后，我向他行礼告别，随后回家。

这种经历有好多次。我事先就知道，无论何时登门拜访，同样的事都会一再发生。然而，我总是登门拜访，因为这种经历很好，也十分有益。我们必须学着如何沉默，而这就是佛陀的教诲，沉默可以比说话更能带来亲密感，沉默会让你的行为举止更加深刻、有效。

从自己的房间走向禅堂时，我们要让每一步都生出宁静和喜悦。用这种方式走路，就是活着。心无挂碍地喝茶，就是活着的艺术。当你看着对方时，把自己的理解和慈悲传达给对方，这就是无行，就是快乐。我们可以通过自己的日常生活方式，带给人们快乐。

“无目的”修行

当我们成为沙弥(尼)时，我们修行就是要成为快乐的沙弥(尼)。获得快乐不用等到成为高僧，如果以为要变成高僧才会快乐，就要牺牲沙弥(尼)的生活。其实，做沙弥的时候，事情比较少，可以更为享受，当师兄的反而要打理一堆事情。

做学生也是同样的道理，得到快乐不用等到获得学位。如果你是公司基层经理，获得快乐不用等到爬到总经理的位置。你的修行，就是要在当下现况感受到快乐。有了这层理解，就能完全接纳自己，不觉得有必要变成重要的人，因为你已经是重要的人了。

有一天，我和一位沙弥一起喝茶，我问他："孩子，你希望我立刻成佛吗?"你猜他怎么说，他说："不要，我希望你这样就好，我觉得这样够好！"

我按照自己的步调，做自己，不否认当下的自己，这就是"无愿"的修行。**别在前面设一个目标，否则就会穷尽一生追逐，永远也不快乐；唯有停止追逐，珍惜当下，珍惜原本的自己，才能获得快乐**。你原本的样子就已很美好，你不用变成别人，你就是生命的奇迹。

Chapter 9

共同觉醒
才能创造和平

每个人都可以参与觉醒的工作，帮助社会启蒙觉醒。觉醒就是每个人的任务，只要利用良好的方法，就可以极大地促进共同觉醒，而共同觉醒正是所有改变的基础。

如果你认为是自己一人培养了信念、精进、正念、专注、智慧这五大力量，那么你拥有的力量仍会是微弱的。相互依存的智慧给我们的教导，就是唯有认清并唤醒集体的意识，才能运用集体的全部力量。

人无法成为一座孤岛

既有个体意识，也有集体意识。人的意识包含了自己、家庭与社会过去的行为所种下的全部种子。每天，我们的思想、言语、行为流入意识之海，构成我们的身体、心灵和世界。**个体意识是由集体意识所构成，而集体意识又是由个体意识所构成，彼此之间共存共依**。例如，你对美的概念并非只源于自己，你认为是美的东西，是因为许多人都认为是美的，而你是受到集体意识的影响。比如时尚，你因为别人说某种款式的衣服很时尚，而想要买那种款式的衣服。如果多数人都认为某个东西漂亮，你也会认为那个东西漂亮。你去参观画展，发现有几幅画根本一点都不美，但所有参观画展的人都对那些画大加赞扬，所以你也就假装认为那些画很美。你试着把它们看做是美，接着，由于集体意识使然，你也就真的把它们看做是美的了。美与丑，就像许多价值观一样，都是集体意识创造出来的。

当恐惧、愤怒成为集体意识时，就会具有压倒性的力量，这样是极为危险的，所以必须选择生活在集体意识健全、清晰的环境中。人很容易受到集体想法所左右。2004 年，即使伊拉克政府与基地组织毫无关系，但美国仍有 80% 的人认为伊拉克战争是为了回应 2001 年的 9·11 袭击事件；2004 年 9 月，英国仅有 35% 的人认为伊拉克战争是正确的。**美国人应该敞开心胸，接纳亚洲人、非洲人、拉丁美洲人的观点，必须聆听别人的声音，了解别人的想法、别人对局势的理解，而不能把自己固定在一个观点与见解里**。大众媒体和军火业共同建造了一间牢笼，让我们继续用同一种方式思考、看待和行动。因此，每一个人都要通过个体与集体的方式，从观点、恐惧、暴力所创造的牢笼中挣脱出来。

无论是艺术家、老师、政治家还是商人，都能影响别人，创造美。你应该要有自己的见解，让心中真、善、美的种子萌芽，表达自己时也以真理为准。即使多数人没有看见你的真理，你也会鼓起勇气继续表达。而看见真理、获得觉醒的少数人，是可以扭转整个局势的。正如集体意识影响和创造个体意识，个体意识也反过来影响和创造集体意识。

唯有共同觉醒，才能改变局势

我们或许清楚地知道，自己的国家需要发展，但我们需要有勇气表达意见，即使多数人的意见与自己不同，我们也要表达出来。我们应该获得所爱的人及同事的支持与赞同，因为唯有共同觉醒，才能改变方向。个体与小团体可以激发意识的改变，即使我们是少数，但只要相信自己的见解能引领大家走出困境，就应该要有勇气说出来。有许多方式可以成功地表达意见，不仅表达个体的意见，因为可能会有一些人清楚地思考过，只是没有机会表达。因此，务必支持那些与你持相同见解的人。**请说出你的意见，与他人同心协力。在众人团结一致之下，就能有力地表达关切并获得成效**。唯有共同觉醒，才能改变局势。

越战期间，我差点被美国士兵打死，他以为我是潜伏的游击队员。美国士兵在抵达越南之前，得到上级指示，说任何人都有可能是游击队员，包括僧人在内。当时我保持冷静，平息了那位士兵的恐惧。我的僧团和我看见了越南同胞的痛苦，也看见了美国士兵的痛苦，那些士兵背井离乡，被送上战场，不是杀人就是被杀。当时我秉持理解和慈悲的精神，因此不受憎恨所束缚，其他许多人也因为保持理解和慈悲而在战争中存活下来。

错误的看法导致冲突、痛苦和战争

我在越南经历过数次战争，这些经历使我坚定地相信，恐怖主义不能用武力清除，全神倾听的力量比炸弹更为强大。恐怖主义因错误的看法而起，恐怖分子对自己有错误的看法，对我们也有错误的看法，所以才想要毁灭并惩罚我们。**如果我们知道恐怖分子的思维模式，了解他们看待事情的方式，就可以帮助他们清除错误的看法。清除错误的看法是转化暴力恐怖及促进和平的根本所在**。

我们必须聆听欧亚两大洲政治领袖的声音，因为我们的感觉和想法可能是由许多错误的看法所构成。我们不应太过于确信自己的看法，因为错误的看法会导致冲突、痛苦和战争。当今的美国人因执着于自身的看法而孤立无援，其实他们需要聆听欧亚非三大洲每一个人的声音。若能清除自己的错误看法，并帮助别人清除，就能清除恐怖主义。除此之外，没有别的方法了，对恐怖主义宣战显然无法削减恐怖主义的力量，反而会在美国境内外创造更多的仇恨和恐惧。现在的美国比 2001 年还要脆弱，对恐怖主义宣战逼得他们不得不怀疑别人是否是恐怖分子。我们乘飞机会受到搜查，他们找的不是你心中的佛陀特质，而是你的恐怖分子特质。

和平即道路

每个人都可以参与觉醒的工作，帮助社会启蒙觉醒。觉醒就是每个人的任务，只要利用良好的方法，就可以极大地促进共同觉醒，而共同觉醒正是所有改变的基础。务必让人们知道，慈悲地倾听以及说爱的语言，是清除错误看法的唯一途径。

可惜政治家们不习惯运用这种途径，而集体的观念也认为金钱和军事力量是我们拥有的唯一力量，但我们其实是有其他力量的。美国也有理解与慈悲的力量，只要运用这两种力量就可带来和平。美国境内许多人也有洞见、理解和慈悲，若能联合起来，大声传达观点，就能克服眼前艰难的时刻。我们要走的是和平之路，但我认为没有通往和平的道路，因为和平本身就是道路，因此我们必须运用和平的方法，才能获得和平。

美国做不了世上所有事。美国虽是世界上强大的国家，但在这个由众多国家所组成的世界中，却是其中的一员。美国必须要让他国担起背负世界的责任，而不需要事必躬亲。美国必须把心力投注在联合国，并和其他国家共同把联合国建成真正的和平组织，拥有充分的权威和力量。

心中有暴力，就会对别人施加暴力

如果我们把暴力视为一种疾病，那么可运用专注倾听来进行治疗，光靠金钱是治疗不了家庭与学校的暴力疾病的。如果国会议员深入观察，就会发现家庭暴力与美国的外交政策是有联系的。**当我们心中有暴力，就很容易对别人施加暴力，或在施加暴力后宽恕自己；当我们心中有战争，就很容易向别人开战。伴侣、家庭及国家，都是同样的道理。**

为什么不通过法律，让家长每年花七天去参加工作坊或禅修营，学习如何照顾彼此，恢复沟通、彼此理解、相互关爱？为什么不让学校教师每年带薪学习如何转化自身的痛苦，并了解学生的痛苦？

一旦参与这种和平教育，学校教师及家长就能教导孩子及学生培养五大心灵力量。请现在就开始吧！不久，新一代人就会了解，若要获得真正的快乐，真正需要的是哪种力量。我们应该组织家长和学校教师参加正念禅修营，请他们为下一代开始实施这种教育。

培养心灵的力量

过去，在泰国和其他佛教国家，年轻人都要在寺庙接受一年心灵教育，他们不去义务服兵役，而是接受心灵教育。即使是王子，在登基前也要在寺庙待一年。这是多么美好的事啊！然而，现在待在寺庙的时间已经缩短成一个月或数周，时间不够久。我的梦想就是设立心灵机构，让年轻人在婚前接受教育训练，了解如何运用具体方法，在家庭中创造快乐与宁静。夫妻快乐，小孩也会快乐。

如果我们本身还没有培养这些心灵力量，就无法帮助孩子或别人去培养。**我们必须先穿越痛苦之河，才能帮助别人穿越；我们必须先获得觉醒，才能帮助别人觉醒**。世上大多数人仍活在梦中，不知道自己在做什么。我们有些人把大家带向毁灭之路，竟然还不知道。觉醒对人类能否生存，十分重要。

许多人认为自己没有什么力量，改变不了周遭的局势，尤其是政治局势。其实我们永远都能成为重要的角色，做点事情，促进局势的改变。美国领袖和我们一样，心中都有正面和负面的种子，他们周遭的人可能不向他们灌溉心中的好种子，他们的顾问持续灌溉恐惧、渴望、愤怒、暴力的种子。我们必须找到方法去接触美国领袖，帮助他们，向他们灌溉正面的种子。抗议也是一种帮助的方法，不过应该巧妙地进行，如此一来，人们就会把这样的抗议视为爱的行动，而非攻击。

用爱心写一封信

然而，现实是，大多数人都忙于处理自己每天碰到的小问题，因而变得冷漠。也许我们会关心，但因为着眼于自己微不足道的痛苦，所以没有时间和精力去做那些重要的事情。不过，这真的不需要很多时间，我们可以用爱心写一封信给政治领袖，这比写抗议信还要有挑战性。以下是我以爱心给美国总统写的信：

敬爱的总统先生：

昨天晚上，我梦见我的哥哥(他两周前在美国去世)，带着他的孩子一起来看我，并对我说："我们一起回家吧。"我毫不迟疑，高兴地告诉他："好，我们走吧。"

今天早晨五点，我从梦中醒来，想到中东局势，第一次哭了出来。我哭了大约一个小时，之后觉得好多了。然后，我去厨房沏茶。沏茶时，我明白了我哥哥说的话是真的，我们的家容得下所有人，就让我们以兄弟相称，一起回家吧！

总统先生，我想，如果你允许自己像我今天早晨那样哭泣，你也会觉得舒坦多了。我们在那里所杀害的，是我们的兄弟。他们是我们的兄弟，上帝这样告诉我们，而我们心里也明白。他们也许出于愤怒、误解、歧视，并没有把我们当做兄弟，但我们若能稍微觉醒，就能以不同的方式看待事物，对局势作出回应。我深信你心中既有上帝的存在，也有佛陀的本性。

感谢您阅读此信。

以感激之心与兄弟情谊写于梅村

一行禅师

只要专注地生活，在工作中传达自己的创意和智慧，我们就能促进共同觉醒，然后强大到足以影响政治领袖。我们必须扶持领袖，帮助他们看清局势：他们目前的行动方针造成许多毁灭和损害，对恐怖主义宣战也制造了更多的仇恨与恐怖，滋生了更多的恐怖分子。我们可以告诉他们，**暴力不能解决问题，唯有慈悲倾听及良言善语才能清除滋生仇恨与暴力的错误看法**。

我们需要控制自己的无力感，不要被绝望压垮。我们确实是有力量的，应该要懂得运用这股力量促成改变。我们必须团结起来，因为开放心胸与说爱的话语可以创造奇迹。每一位家长、老师、商人、艺术家都可以做点事情，激发共同觉醒。每个人都要肩负责任，因为形势太重要，不能光指望政治家。没有共同觉醒，就无法成就事情。觉醒是每种改变的基础，每一个人都必须坐下来深入观照，看看自己今天能起到什么作用，能做些什么事。

必须付诸实际行动

2006 年 9 月，我受邀在联合国教科文组织发表演讲。我建议他们在全球各地定期举办“无车日”活动，教育人们了解目前环境所发生的一切。在北美、欧洲、越南境内的梅村修行中心，早已开始实施每周一天的无车日。我们会事先把事情安排好，无车日那天就不用开车去别的地方。全球各地已经有许多人落实无车日，我们的目标就是减少开车行为达 50%。人们已经开始驾驶以新型油料为动力的车子，不增加大气里的二氧化碳含量，并定期举办无电日。我们也亲身参与并鼓励别人参与每年 9 月 22 日的世界无车日（如欲了解详情并响应无车日者，请登录网站 www.car.free.days.org 和 www.worldcarfree.net/wcfd）。光谈论危机是不够的，我们必须付诸实际行动，并邀请他人一起加入。

与大地之母和解

人们有时会问我，人类对大地之母造成这么多伤害，究竟该如何与大地之母和解。我们可以通过步行禅的练习，与大地之母和解。我们所踏出的每一步，都是在用双脚亲吻大地。我们心怀着爱，并承诺会停止目前摧毁大地之母的做法。**要是继续伤害大地，人类文明必定会被毁灭。这样的改变需要证悟，需要觉醒**。当初佛陀获得个体的觉醒，而现在我们需要共同觉醒，才能停止迈向毁灭。要是继续沉溺在权力、名声、性爱、利益的角逐中，文明终将走向灭亡。

有一天禅修，我沉思着全球变暖、东南亚海啸、气候变迁等问题。我有些苦恼，便问了大自然一个问题：“大自然，你认为我们可以依赖你吗？”我之所以问这个问题，是因为我知道大自然很有智慧，对于恢复平衡自有应对之道，有时甚至不惜诉诸暴力。我听见大自然反问我：“我可以依赖你吗？”我提出的问题又被丢给我：大自然是否能依赖人类呢？我做了深呼吸之后，说：“可以，你大致可以依赖我。”然后，大自然回答：“可以，你也大致可以依赖我。”这是我与大自然之间十分深刻的对话。

这不应只是口头宣言，而应是每个人深切的承诺，如此一来，大自然才会温柔地回应。有了集体的智慧，我们就能与地球和解，疗愈地球。我们每个人都可以在日常生活中展开一些行动，贡献一份心力，保障下一代的未来。

发出声音，呼吁和平

前不久，我在流亡了将近四十年后，与僧团返回越南时，亲眼见证共同觉醒的力量之大。我四十岁时来到西方，当时是1966年，我踏上美国的土地，呼吁美国停止轰炸越南。美国派遣了五十万士兵进入越南，战争结束时，有五万多士兵阵亡或失踪，数百万越南人死于战争，越南的土地、森林、水域都遭受污染，被化学毒物毁坏。当时我已经是越南知名的导师和作家，计划在美国停留三个月做巡回演讲，并呼吁停止战争。不过，三个月后，我获知越南政府不希望我回国，因为我竟敢呼吁和平。

我们见到有很多越南人受了好多苦，也看见了战争在周遭所造成的痛苦，所以我们必须发言。我们被夹在两个敌对阵容之间，必须要发言才行，但我们当中有许多人却没有办法表达意见，收音机、电视、报纸都不报道局势的真相。那些敢于声明反对战争的人都被逮捕，所以有的人自焚，以便吸引大家注意越南大众不想要战争的处境，而此时媒体才开始了解到，大多数越南人民其实不接受战争。因此，我才决定来到西方，把越南这个国家与人民所受到的苦难告诉世界。

得知政府不希望我回国后，我仍继续留在美国呼吁和平，接着前往欧洲、亚洲、澳洲，最后定居在巴黎，设立了修行社团，继续呼吁和平的工作。

他们把旅馆变成禅堂

在流亡将近四十年后，我们试图与越南政府交涉，希望能让我返回越南。2005 年 1 月，我终于能回家了。我最初离开越南时，就像细胞离开了身体。僧团好比身体，而僧团里的每个人是身体的细胞。不过，我并没有像细胞那样干涸而死，因为我心中装有整个僧团。我不是为了我一人，而是为了整个僧团前往西方。不久，我开始在西方建立一个小小的僧团；而今，四十年后，我在西方的僧团已小有规模。

我想要带僧团一起回到越南，而不只让一个小细胞回到身体而已。最后，有两百人跟着我们回到越南。我们想要以真正的僧团形式，呈现出爱与理解的修行。我们心里知道，如果我们的修行踏实、坚强、可靠，就可以转化越南政府的恐惧和怀疑。

僧团的每个成员都践行得很好。在旅馆，僧团里的在家众会在早晨修行坐禅，只吃素食，不碰酒肉，安安静静地以僧团的形式共同生活，和睦相处，结成兄弟般的情谊。旅馆老板对此留下深刻的印象，并说："他们把旅馆变成禅堂。"

回越的旅程很困难，因为境内仍有很大的恐惧和怀疑。西贡战犯博物馆原先展示我的相片和真空比丘尼的相片，真空比丘尼在过去五十年来担任我的助手。在我抵达越南以前，博物馆因为有人抗议而撤下了我的相片。不过，在为期三个月的参访期间，真空比丘尼的相片仍在博物馆内展示。

在我将近四十年流亡期间，我的著作在越南境内被禁止出版，因为我的著作推广和平及兄弟情谊，而政府认为这样很危险。我们与政府达成协议，政府在我抵达之前，会出版十二本着作，但当我真正到达时，却只出版了四本，由此可见他们恐惧之深。

我们花了整整三个月，才让越南政府放行。由出家众和在家众组成的僧团，对情形大有帮助。人们看见西方人学好禅修，有所启发。在多次交谈期间，我们亲眼看到人们在转变。我们清除了他们许多错误的看法，而在清除了诸多恐惧和怀疑之后，现在他们比较了解我们是谁。要是没有运用僧团的力量支持彼此，倘若没有唤起心中耐心、理解、慈悲的种子，我们可能就会愤怒地回应，半途中便愤而离开越南。

在刚到时，越南政府显然不希望我们教导以及和人接触，我们心知自己的修行必须稳固才能成功。政府保守分子试图百般阻止人们参与我的演讲及与我们接触。在我们抵达之前，我们获知有许多出家众被警告，说他们不应该参与我们的僧团活动，不然等我们离开后，他们就会有麻烦。

在当下这一刻，做出你的选择

然而，我们继续保持谦卑平静，面露微笑，最后终于有所突破，西贡政治研究所准许我们给知识分子、学者、政府官员做演讲。他们准备了三百个座位，但由于我们说慈爱言语及专注倾听，在最后一刻终于说服他们让一般听众进入会场。演讲当天，现场听众超过一千人。我分享自己在西方教导修行的经验，而听众对此也十分感兴趣。最后，他们问了几个问题，其中一个是："如果皈依三宝，仍然有权利爱国爱党吗？"我马上回答了，答案也很简单："如果皈依三宝代表失去爱国爱党的权利，那么皈依三宝又有什么用呢？"大家鼓掌了很长时间，这句话后来也被呈报给政府和党内各部门。

因此，我们前往顺化时，被允许为党员、知识分子、政府官员演讲，结果来了六七千人。我们两次前往河内时，一共为党员、官员、学者举办了五场演讲，结果发现他们全都渴望灵性成长，由于他们跟僧团和我在一起，因此有机会公开表达心中的这份渴望。

在河内的胡志明政治协会，有几位组织者说，马克思主义与佛教之间的对话和讨论十分重要，此外还承认他们可以从佛教中吸取养分。有一名党员甚至大胆地说，我们的党过去犯了错。组织者表达了想要复兴国家及深入学习的渴望，气氛既开放又友善，可以感受到自由。接触到公开的言论，真是美好啊，这也许是越南人第一次胆敢公开发言。

我虽直言不讳，但因心中充满慈悲与同胞友爱，所以并未伤害到任何人。我会说："你们知道吗，在梅村，生活很简单，出家众和在家众生活在一起，像一个大家庭，没有人有私家车、私人账户、私人电话，其实我们是真正的无产者。”大家笑了又笑，压根儿也没生气，而我们的讯息也传达出去了。

有些人担心我的安危，因为我敢于指出重要问题，例如政府内的贪污。然而，我们懂得运用爱语说话，所以觉得可以说出真相，分享内心的想法。我们一直注意运用善巧(精巧、巧妙之意)的方式来传达讯息给人们，结果恐惧与愤怒一天天减少，而政府的想法也有了真正的转变。这个经验着重显示出一项事实：**精进修行的少数人是可以影响多数人的，个体确实可以转化集体**。

你拥有的只是当下这一刻，你必须做出选择。你可以去追逐贪念，也许从外在世界来看你权力在握，但我敢保证那样是找不到快乐的。你可以培养五大心灵力量，把菩萨的力量带给自己、所爱的人、工作环境和社团，这条道路可以带给你真正的快乐，这也是唯一能转化世界的道路。

附录一

禅修练习

培养心灵的力量

这儿有一些具体的练习可以加强我们的心灵力量，还可以让我们随时随地去应用，或保持愉悦。其中有许多练习可视为各种不同的禅修。在家居士想到禅修时，都会想到坐得安稳的僧侣，不受声音影响，不被其他所干扰。但静坐只是其中一种禅修方法，还有许多其他的禅修方法，你在家里或职场上，花几分钟时间就能进行。

没有对象，就无法专注

禅修包含两大部分。第一个部分是止，停下来，平静心灵，保持专注。第二个部分就是观，深入观照，获得智慧。首先，把心专注在某物上面，例如步伐或呼吸。专注和正念都需要有一个对象才能进行，没有对象就无法专注，无法正念分明，所以，练习正念需要有一个对象才行。当你把注意力放在呼吸上时，你的呼吸就是正念与专注的对象。当你产生正念的能量时，这份能量会拥抱你专注的对象，让它活在你的心中。

若继续保持专注，就能获得智慧，这就是禅修的第二步。例如，当恼怒或愤怒时，你可能会专注于找出根本原因，接着，练习正念或专注一段时间之后，就会知道愤怒的真正本质，而智慧则能让你从愤怒中解脱。探究的对象若很有趣，就能很容易获得正念和专注。如果演讲的内容有趣，你就能很容易保持专注；如果内容很无聊，还是可以尽力做到专注，但会很难完全专注。因此，**成功获得正念和专注，需要选择你觉得有趣味的对象，如果对象有趣味的话，你就能很快获得智慧**。

正念呼吸

我建议你们记住一首短诗，这首诗对练习正念呼吸有帮助。无论你练习的是正念端坐还是走路，都可以运用这首诗：

吸，呼

深，慢

平静，自在

微笑，放下

当下此刻，美好此刻。

“吸，呼”这两个字表示：“吸气，我知道我正在吸气；呼气，我知道我正在呼气。”吸气时，你只专注在自己的吸气上，不想其他事情，完全专注地吸气。同样的，接着专注地呼气，这就是第一个练习。你可以继续默念“吸，呼”，以便全心投入到吸气和呼气上。

我思，故我不在

不要让心思离开呼吸，不要将心思转移到其他地方：“吸气，我知道……啊，我忘记关掉房间的灯了。”如果从一件事情跳到另一件事情上，你的心思就不专注了。练习吸气时，从头到尾都保持专注，吸气时间可能会持续四五秒钟，每个人都能在这段时间内把心思百分之百地放在吸气上。

练习正念呼吸一分钟时，就停止思考一分钟。停止思考、活在当下，是多么美好啊。**思绪大多会阻碍我们活在当下，因为沉浸在思绪里就无法完全活在当下，不能触及生命的美好**。“我思，故我不在！”“我思，故我迷失在思绪里。”迷失在思绪里，就表示没有活在当下。

假设你的儿女来到你面前对你微笑，绽放出如花般美丽。要是你忙于思考过去、未来、工作、困难和悲伤，你就会迷失在思绪里。你若心不在焉，迷失在思绪里，便无法为自己美丽的孩子而在。不被思绪带走，即是活在当下，接触生命中的美好，触及你的儿女，如此一来，你为儿女而在，儿女也为你而在。

呼吸连接身心

只要吸、呼各一次，就能停止习惯性的思考，回到当下。若能回到正念呼吸，心就能立即与身体产生连接。在日常生活中，会有身心不合一的情况。幸好，呼吸是连接身与心之间的桥梁，当回到呼吸并保持正念的那一刻，身心就能合一。这很美好，也十分简单，无须花费很多时间，或许最多只要五或十秒钟，就能将涣散的心很快转到正念分明和专注上。**当心思回到身体后，你就能做到完全回到当下。当你真正活在当下，其他事物也会为你而存在，比方说生活和所爱的人。**

即使在开车时也可以专注呼吸，以便做到真正的活在当下。若能心神专注且不迷失在担忧与不安之中，开车也会比较安全。当你在家中庭院浇花时，练习正念呼吸，保持完全觉察，就能欣赏花朵，享受浇花的动作。当你在开车、洗碗或从一栋建筑走到另一栋建筑时，都能做到正念呼吸，那么就可以邀请家人一起练习。

你和家人坐在客厅里一起练习正念呼吸，不用看电视，只要坐着就能享受彼此的存在，融洽和宁静的感觉将自然生起，这样的练习很美好。你为什么不和同事一起练习正念呼吸？你可以教他们如何照料自己的疲劳、强烈的情绪，以及痛苦。

建议你现在就停止阅读本页，开始练习“吸，呼”一两分钟或三分钟，一直练习到能真正专注在吸气和呼气上，然后就会发现呼吸的品质很快得到提升。不用努力促使呼吸产生，自然而然地，吸气就会越来越深，呼气也会越来越缓慢，越来越放松、平静。

坐　禅

坐下来就是一种恩赐。曼德拉从监狱中获释，首次造访法国时，媒体采访他，问他最想要做什么，他回答：“坐下来，什么也不做。我从监狱中获释后，就失去这种乐趣了，一直忙个不停，所以我最想做的事情就是坐下来，什么也不做。”

坐下来好好享受呼吸，就已经是一件美好的事情。呼吸是轻易就能做到的事，所以，为了曼德拉，为了所有忙碌而无暇回到自身、活在当下的人，请你专注呼吸吧！在这个时代，坐下来什么事也不做虽说是一种奢侈，但能疗愈并滋养我们。

找一个舒适的位置，坐垫或椅子都行。如果是坐在椅子上，双脚平放在地上，挺直腰背，但切勿僵硬，让身体的重量落在坐垫或椅子上，以便腹部放松，把注意力放在吸气和呼气上。当心神涣散时，就缓缓地把意识带回到呼吸上。

禅坐首先只是什么事也不做，保持放松。如果懂得呼吸和微笑的要领，禅坐带来的愉悦感会越来越强。然后，经由正念和专注，就能开始更深入地观照身体、意识的实相，以及处境的实相。**如果观照得透彻的话，就可能不会犯下那么多错误，而且还有机会做正确的事情，为你自己和所爱的人带来幸福。这就是坐禅的益处**。

正念走路

下面我想详细谈谈第三章所提到的正念走路。每个人都要走路，当我们从办公室走向地铁、停车场或厕所时，无论是要穿过几条街，还是走几步，都可以享受步行禅的乐趣。步行禅就是在走路时学会意识到所走出的每一步，不去思考，不想工作上的事。

如果想要平静地走路，可以吸气时走两三步。我吸气时通常会走两步，同时说：“吸，吸。”我是通过脚说的，而不是通过嘴巴大声喊出。我会把注意力集中在脚底，让脚底轻轻地触碰地面，好像充满爱意亲吻地面。我呼气时会走两步，同时说：“呼，呼。”所以，走路的节奏是“吸，吸。呼，呼。”

正念地碰触地面，自然地呼吸，让步调跟随呼吸的节奏，不要沉浸在思绪里，而要把注意力放在脚底。你会注意到步调更加稳固，步调稳固会使身体和意识稳定。像自由人那样走路，抛开工作和忧虑，确保所走的每一步都能帮助你恢复自由。

享受所走的每一步

我走路，是因为我想走路，而不是因为有人逼我走路。我像自由人那样走路，享受所走的每一步。我不用匆忙，因为我想真正活在当下，让每一步都触碰生命。“吸，吸。呼，呼。”走路可以很愉快，因为你会感受到心中的自由。你是正在走路的人，不受过去、未来或工作羁绊，做你自己，成为自己的主人。

做了诗中的“吸，呼”练习后，接下来就做“深，慢”的练习。“深，深。慢，慢。”吸气时所走出的一步，就说“深”；呼气时所走出的一步，就说“慢”。用你的脚说，而不要用头脑说。你在吸气及呼气时，会意识到肺部想要你走多少步，只要感到舒适就好。如果觉得走路特别累，就表示走路的方式不正确。步行禅应该同时具有疗愈、转化、愉悦的效果。

接下来，练习“平静，放松”。不要机械地说“平静，放松”。当你用双脚说出“平静”时，一定可以感觉到身体或内心获得平静。若专注且享受行走的步伐，就是在支持想要这么做的所有人。当你和别人一起练习正念走路时，你会从他们的存在和练习中得到支持；若你享受走出的每一步，感到坚实自由、平静放松，那么会大大提升每个人的生活品质。

佛与你同在

你必须能够放下。不管发生什么事，即使出了问题或碰到事情，都不应该让自己失去快乐和宁静，因为你心中有佛，有觉醒的能量。当你正念微笑时，佛与你同在；当你正念走路时，佛与你同在；当你平静喝茶时，佛与你同在。你知道自己可以正念喝茶、走路、呼吸。**不要以为佛是抽象的概念，其实佛是具体的作为，只要懂得如何运用，佛就是触手可及的正念能量**。

我认识一位女老板，她从一栋楼走到另一栋楼，总是正念地走。她从不跑，而是充分地享受走出的每一步，而且在这段时间，不去思考工作上的事情，她懂得如何以爱来对待自己。

天堂就是当下此刻

正念走路是我们所有人都能学会的。感觉自己活着，在这个美好的星球上行走，是多么美妙啊！许多人习惯劳碌奔波，无法深刻地活在当下。如果走路只是为了到达某地，就会失去走路本身的乐趣。走路时没有生命力，是好大的损失啊！天国在哪里？天国就在当下。懂得正念走路的话，所走出的每一步就能触及天国。这只要多加练习就可以了，当下有这么多生命的美好让我们享用。

有一天，我们在下村与天主教修女修士练习步行禅，由我领着大家行走。我们在去森林的途中，穿越了一片草地。那时是春天，草地上开了许多不同颜色的小花。由于我们正念地走路，享受走出的每一步，所以触及了五月的种种生命之美好。这次步行充满喜悦又具有疗愈，没有人说话，我们只是享受着以双脚触碰地面的乐趣，与当下的一切事物连接。

我们走到森林后，坐了下来，倾听鸟鸣，享受树叶间洒落的阳光。这一切好美啊！我们能够触及当下的生命奇迹，我们这群人大多是佛教徒与天主教徒。我转向梅村的一个法国比丘用法语说："天堂就是当下此刻。"他点头微笑。天堂并不是抽象的概念，天国也不是抽象的概念，而是具体的现实，因为生命就在当下此处展现所有的美好。

如果无法活在当下，我们就无法进入天国或天堂，但只要稍加训练，就能在此时此地停下来，深深触及生命。为此我们变得更安稳、更自由、更快乐，所以生命中的其他事物也会向好的方面发展。经常花时间正念走路，会帮助我们转化自己，还能更好地照顾自己、家庭和同事。

正念微笑

下面来练习“微笑，放下。”“吸气，我微笑；呼气，我放下。吸气，我对身体微笑；呼气，我让身体平静下来。吸气，我对自己的感觉微笑；呼气，我让自己的感觉平静下来。微笑，放下。”

微笑是非常有效的练习，不用感受到百分之百的喜悦就能微笑，因为微笑就像是练习嘴巴的瑜伽。即使没有感受到喜悦，微笑也能放松脸部肌肉。人的脸部有三百条肌肉，生气或恐惧时，这些肌肉就会紧绷，如果此时照镜子，就会看见脸上的紧绷。然而，**如果懂得呼吸和微笑，紧绷感就会立即消失，你也会觉得好多了。如果有人紧张，看到你向他露出微笑，他就会觉得好多了**。“吸气，我微笑。呼气，我放下紧张。”

吸气，你或许会意识到自己对别人说的话或做的事很生气。呼气，你微笑，因为你知道自己能够心态平和地拥抱气愤。在信用卡那么大的纸条上，写下这句话并放在皮夹子里：“虽然现在我对所爱的人很生气，但是内心深处我知道自己可以心平气和。”然后，当你就要失去控制时，拿出来看，并开始吸气、呼气。务必要在你对自己和所爱的人造成伤害前就先立刻拿出纸条来看。所以，把佛陀放进皮夹子里吧，当你需要佛陀帮助时，就拿出皮夹子里的纸条来看，同时回到呼吸练习上。

美好的时刻

最后来练习“吸气，我安住于当下。呼气，我知道这是美好的时刻。当下此刻，美好此刻”。从中我们学到，唯一活着的时刻就是当下，即使是长期坐牢的犯人也是如此。我在华盛顿首府附近的马里兰州监狱讲课时，告诉150名犯人，他们是有可能在当下获得快乐的。我说：“我走进这座监狱，穿越许多道铁门，我注意到监狱里的空气其实跟外面的世界一样好，从监狱里看到的天空也和外面的天空一样蓝，监狱大院里的植物也和外面的植物一样绿。你们在监狱里也具有正念走路和呼吸的所有条件，如果懂得练习的方法，当下此刻就会是美好时刻。不用从监狱获释，就能获得快乐。”犯人专心倾听，心中受到鼓舞，立刻便想在监狱里练习正念呼吸和正念走路。

每当身处困境时，若懂得敞开心胸接纳不好的境遇，而当

下此刻就成了美好时刻。**快乐就在当下，**而我们需要练习才能安住于当下，抵制想要冲向未来或沉湎过去的倾向。我们需要学习如何在当下庆祝生命。

平息强烈的情绪

有许多人在强烈痛苦的情绪中受苦，不知道该如何处理。当你注意到心中有不平静或不安宁的感觉时，可以对自己复诵："吸气，我为我的感觉而在。呼气，我平息我的感觉。"把这几句话说出来后，你的情绪就会开始平息下来，这很重要。你可能会有绝望、恐惧或气愤等强烈的情绪，但不管是哪种情绪，正念呼吸都能加以平息。

当你注意到强烈的情绪即将形成时，请回到自身，开始练习正念呼吸，以便产生正念能量保护自己。**专注处理你的情绪，不要让情绪驾驭你，也不要变成情绪的受害者**。

比如你知道有强烈的暴风雨即将来临，你必须竭尽所能去保护房子，以免房子被暴风雨损坏。强烈的情绪来自内心，来自意识的深处，而正念的能量也同样来自意识的深处。所以，请安稳地坐在椅子上，双脚平放在地面，或盘坐在垫子上，或躺下，做好准备迎接情绪的到来。你开始吸气和呼气时，把注意力集中在腹部。

为什么集中在腹部呢？当你在看暴风雨中的树木时，若把注意力集中在树梢，你肯定会因树梢的小树枝和叶子在暴风中狂舞乱动，而觉得树木软弱得无法抵挡暴风雨，还会被吹走；然而，若把注意力集中在树干，你就会有不同的感觉，只要看见树木稳固且深深扎根在土壤里，你就知道树木撑得过暴风雨。

你就好比一棵树，而强烈的情绪就是那即将来临的暴风雨，如果不做好准备，你就可能会被吹走。所谓的做好准备，就是开始正念呼吸，把注意力从头脑带到腹部，也就是肚脐的正下方，这也称做腹部呼吸。所有的注意力都集中在腹部，意识到腹部的起伏，而腹部就是你的树干。不要停留在头脑思考的层面上，那儿是暴风吹得最猛烈的地方，会很危险的。请往下走，拥抱肚脐正下方的树干，那里很安全。

这个练习既简单又有效。你会觉察到情绪不过是情绪罢了，它只是你整个人的一小部分而已。**情绪来临，短暂停留，然后离去，就像暴风雨一样。如果知道这点，就不用害怕情绪**。许多年轻人身心遭受着极大的痛苦，还以为结束痛苦的唯一方法就是自杀。他们自杀只是因为不知道如何处理情绪，然而处理情绪其实并不难。若能知道情绪不过是情绪，你不只是情绪，以及情绪会来临、暂时停留、然后离去，那么对于如何处理就会大有帮助。为什么要因情绪而自寻短见呢?

当你把注意力集中在腹部十五或二十分钟，在呼吸练习中寻求庇护，情绪就会平息下来，然后就会获得宁静快乐的感觉，因为你知道处理情绪是有方法的，而且下次在情绪形成时，你就会做同样的呼吸练习来处理。

在做了呼吸练习，并对练习有了信心之后，你就可以在身边的人被强烈情绪吞没时帮助他们。你可以对他们说:“过来坐在我身边，握住我的手，我们来练习正念呼吸，注意腹部的起伏。”握住对方的手，就能把力量和信心传给对方，而你们两个人一同吸气、呼气，十五或二十分钟过后，对方就会觉得好多了。以后，对方可以自己做呼吸练习。教朋友如何做呼吸练习，日后也许能救他一命。

我建议大家不要等到强烈情绪即将来临前才开始练习，因为那时你肯定会忘记。现在就开始练习正念呼吸，每天十五分钟，或坐或躺，姿势安稳，享受吸气、呼气，把注意力集中在腹部。腹部呼吸可以很深沉、缓慢而有力。持续练习三周，就能培养出正确的修习。然后，当强烈的情绪形成时，你就会记得练习呼吸，并成功地平息情绪。情绪来临的力量每次都会减弱。**无须对抗情绪，只要让正念的能量拥抱情绪，情绪自然就会减弱，回到意识深层。**

完全放松

任何行业的人若每天或每周练习完全放松，都能从中获得好处。也许在办公室就可以找到一个地方，做十五分钟的完全放松练习，你也可以在家中找到地方练习。一旦你做放松练习，恢复活力，从中获益后，就可以教家人或同事来练习。你可以每天在工作时安排一次完全放松的练习。**要是同事或员工被工作压得喘不过气，他们的效率就会大为降低，也会常常生病上不了班，让企业付出高昂的代价，所以工作三或四小时后来做十五分钟的完全放松练习，既可行又实用**。你可以带领大家做完全放松练习，并从中体验许多喜悦。当你能帮助人们获得快乐并放松时，你自己的快乐感也会随之增加。

当我们在小组里做深度放松时，可以由一个人负责，用下列指导或稍加变化来引领。在练习开始与结束时请钟，让大家的心神更容易进入放松状态。当你独自一人练习深度放松时，也可以播放录音来引导自己。

仰面躺在地上，把手臂放在身体两侧，保持舒适的状态，让身体放松，觉察身体底下的地板……以及身体与地板的接触。让身体沉入地板。

觉察呼吸，吸气，呼气。觉察呼吸时腹部的起伏……上……下……上……下。

吸气，呼气……整个身体会觉得轻盈起来……像是浮在水面上的睡莲……你没有要去什么地方……没有要做什么事……你就像天空的浮云那样自由。

吸气，把意识带到眼睛。呼气，放松眼睛，让眼睛沉入大脑……让眼睛周围紧绷的小肌肉放松……眼睛让我们看见了形状和色彩所建构出来的天堂……让眼睛休息吧……把爱和感激送给眼睛。

吸气，把意识带到嘴巴。呼气，放松嘴巴，放松嘴巴周围的紧绷感……你的嘴唇就是花瓣……让一抹淡淡的微笑在嘴唇上绽放……微笑可以放松脸部数百条肌肉的紧绷感……感觉脸颊的紧绷感放松了……下巴放松了……喉头放松了。

吸气，把意识带到肩膀。呼气，放松肩膀。让肩膀沉入地板……让所有累积的压力流到地板里……我们的肩膀承担了许多压力……现在要照料肩膀，让肩膀放松。

吸气，觉察手臂。呼气，放松手臂，让手臂沉入地板……先是上臂……然后是手肘……下臂……手腕……手掌……手指……所有的小肌肉。必要时可以稍微动动手指，帮助肌肉放松。

吸气，把意识带到心脏。呼气，放松心脏。我们因为工作方式、饮食方式、处理紧张压力的方式，而忽略了心脏好长一段时间。心脏日日夜夜为我们不停地跳动，以正念和温柔之心拥抱心脏，与心脏和解，照顾心脏。

吸气，把意识带到腿部。呼气，放松腿部。让腿部所有的紧绷感释放……先是大腿……然后是膝盖……小腿……脚踝……脚……脚趾……脚趾上的所有小肌肉……你可以稍微动动脚趾，帮助脚趾放松……把你的爱和关怀传达给脚趾。

把意识带回到呼吸上……觉察腹部的起伏。

随着呼吸，觉察手臂和腿部……你可以稍微移动手臂和腿部，伸展一下。

准备好后，慢慢坐起来。准备好后，慢慢站起来。

每个人可以按照自己的需求，调整这篇简短的放松指导。你可以只练习五分钟，也可以练习更长时间。放松练习可以把意识带到身体的任一部位，例如头发、头脑、耳朵、脖子、肺部、内脏、消化系统，只要是需要疗愈与关注的身体部位都可以。**你拥抱身体的每个部位，并在意识中拥抱及专注呼吸的同时，把爱、感激和关怀传达给身体部位。**

压力管理

在公司或组织中开设压力管理课程，成本费用并不高昂。请务必训练一些助理讲师，让他们精通处理压力的技巧。他们必须先为自己练习，先亲身确信自己已完全放松，并做到正念呼吸、微笑、走路，以及能提高工作效率，然后才能把练习的经验和其他员工分享。

在梅村，我们听到寺庙钟声响起时，就会练习回到呼吸并放松身体。你或许也能在公司里做同样的练习，你和同事选择一些喜欢的音乐片段，哪怕短短一分钟也可以，然后利用公司广播，在全公司每隔一两个小时就播放这些音乐片段。每当大家听到音乐时，就停下手边正在做的事情，觉察自己的身体，享受呼吸并放松。你还可以定期更换音乐片段，一个月后就会发现公司的气氛改变了。音乐之声好像你内心的佛之声，唤你微笑、呼吸，恢复活力；或者有如上帝之声，唤你回到真正的家。

接听电话

在梅村，当电话铃响时，我们会停下手边的事情，回到呼吸。“吸气，我获得平静；呼气，我面露微笑。”我们在电话响三次时都用这种方式呼吸，然后再接起电话。这样接起电话时，心中就会充满平静与慈悲，而电话另一端的人也能从我们声音的品质中，听出我们的平静与慈悲。触碰心中平静、踏实、慈悲的种子时，对话的品质也会获得提升。

我们有许多朋友会在家中与职场上练习电话禅，每次听见电话铃响，就会停下手中的事情，正念地呼吸，享受吸气和呼气，从而变得更安详宁静，对业务的开展也有十分正面的效果。我认识一位老板，总是在接起电话前正念地呼吸，他说，这样可以帮助自己更专注地讲话。

正念用餐

正念用餐也是很好的练习。用餐时，注意力只集中在两件事情上：觉察食物，觉察环境。我们不想过去，不想未来，不想工作和忧虑的事情，而将全部的意识集中在食物和身边吃饭的人身上。我们要练习吃出喜悦和快乐，夹起一块食物时，觉察那块食物，深入观照，看到这块食物是天地所赐及人类辛勤劳作而得来的礼物，我们把食物放进嘴里，正念地细嚼。

我夹起一片胡萝卜时，喜欢跟胡萝卜同在的感觉，好像打开门或点香的感觉。如书前所述，师父教我要百分之百投注于关门和点香，而当我夹起一片胡萝卜时，也要像关门和点香般专注。我身心专注地夹起这片胡萝卜，看着它，认清它是片胡萝卜。如果我此时想着别的事情，比如工作、过去或未来，那么就不知道自己已把一片胡萝卜放进嘴里了。

我想请大家正念地用餐。在将胡萝卜放进嘴里之前，可以默念“胡萝卜”，犹如正念地呼唤所爱之人的姓名，而胡萝卜的形象会清楚呈现在你眼前。**把胡萝卜放进嘴里，会觉察自己放进嘴里的是胡萝卜；咀嚼胡萝卜时，会知道自己在咀嚼胡萝卜，而不是嚼着工作、忧伤、愤怒、过去或未来**。

请一次只做一件事情。当你如此地夹起一片胡萝卜，可能会对胡萝卜生出深刻的洞察，看见促成胡萝卜生长的所有因素。你在一片胡萝卜里，可以看见漂浮的云朵、阳光和土壤。其实这一片胡萝卜所代表的，就是向你而来的整个宇宙。你可以对胡萝卜微笑，这不需要多少时间，也许一秒钟就够。如果你正念分明又专注，就能洞悉胡萝卜真正的本质。

在天主教的教堂，信徒会领圣餐。牧师会剥开面包给信徒食用，并说面包是耶稣基督的身体。如果懂得领受，就能获得净化及永生。一片胡萝卜也是向你而来的宇宙之身，如果懂得领受，就能获得生命真正的祝福。然而，如果以失念的态度吃胡萝卜，缺乏正念分明，那片胡萝卜就没有生命了。若沉浸在思绪、忧伤、想法、愤怒里，那片胡萝卜就再也不是宇宙的大使了。

在梅村，我们开始用餐时会先静默地吃一段时间。要是话说得太多，就无法把注意力集中在食物上，也无法珍惜一同用餐的所爱的人。我们像大家庭那样一起用餐时，偶尔会停下用餐，觉察那些正念坐着用餐的同桌人，这种感觉很美好。他们在这里可以支持我们，帮助我们深刻练习。沉默是具有力量及影响力的，能够帮助我们百分之百专注于当下。

为了品尝食物的滋味，我们可以放慢用餐速度。**吞咽食物前，至少要咀嚼三十次，这对我们很有益。咀嚼时，专注于呼吸并放松，让自己安住在当下**。有时我在咀嚼食物时，会运用前文所提到的诗句：“吸，呼。深，慢。”我随着呼吸的韵律咀嚼食物，安住在当下，十分快乐。

有的人把安静正念地吃午饭的练习引入职场，他们和朋友、同事先安静用餐十至十五分钟，然后才开始聊天，而且也很享受这个练习。

附录二

工作与娱乐

巴塔哥尼亚公司：让员工去冲浪

我从小时候体验到的力量，是成为一名比丘[①]的力量。现在我要与大家分享的是一则商人的故事，他是通过商界来了解心灵力量的。他名叫伊方·乔伊纳德，在20世纪50年代进入商界。当时他获得攀岩冠军，开始从事攀岩设备的设计、制造和销售。1964年，他替自创的巴塔哥尼亚公司制作了一页邮购目录，目录上说，每逢攀岩季节，客户的订单出货要较长时间，因为他出去攀岩了。20世纪80年代中期，公司销售额达2000万美元，而90年代中期则达到1亿美元。

如今巴塔哥尼亚公司每年销售额超过2.3亿美元，伊方·乔伊纳德仍是公司老板，大多数时间都在世界各地以健步行走、独木舟、攀岩的方式测试设备。《财富》和《职业女性》杂志

① 指年满二十岁，受过具足戒的男性出家人。

都将巴塔哥尼亚公司列为美国员工最喜爱的100家大公司之一。2004年，伊方・乔伊纳德开始进行海洋计划，旨在维护海洋健康。自1985年起，巴塔哥尼亚已捐赠2200多万美元。伊方・乔伊纳德在《让员工去冲浪》（中文版《任性创业法则》）一书中，探讨佛教与正念如何提升他公司的业务。他写道："结果，我发现禅学应用的最佳地方就是商业界。"

每个人都能觉醒

我们都可以像伊方・乔伊纳德那样，至少有体验到觉醒的瞬间，即产生清明、智慧、解脱的瞬间。也许那一瞬间就发生在树林里或海边散步时，发生在与朋友或儿童相处的宁静片刻，也许是回归自身、正念饮茶的简单片刻。"我在喝茶，我知道自己在喝茶。"你觉察到自己正在与朋友坐着喝茶，这就已经算是觉醒了。如果持续练习觉醒，就会达到更大的觉醒，开始了解过去所不能明了的事物，然后说："啊，我懂了。"最高的觉醒，亦即悟道成佛，是由日常生活中的小觉醒累积而来的。

不光只有菩萨和佛陀能觉醒，每个人都有能力觉醒。修行正念加上团体的支持，就能转化自己、亲近的人、职场上的人，以及职场本身。我们可以每天生出觉醒，这不光是为了我们自己的幸福与快乐，也是为了众生的幸福与快乐。

伊方·乔伊纳德的商业禅

下面文章是伊方·乔伊纳德阐述慈悲与正念如何能让事业成为乐趣，成为员工与世界的礼物。

我从商快有五十年了，要承认自己是个商人，就跟酗酒者或者律师承认自己的身份一样困难。我从来没有尊重过这一行，而与自然界为敌、摧毁本土文化、剥削穷人、排出物质毒害地球等过失，大多是商界必须承担的责任。然而，商界也可以生产食物、治疗疾病、控制人口、雇用人员，一般来说也让人们的生活富裕起来。商界是可以做这些好事的，在不失去灵魂的同时赚取利润。

我是在很不情愿的情形下从商的。我在60年代的精神下成长，很排斥商业，所以觉得自己有点像日本武士样的商人。想成为武士，就不能怕死，稍有一丝畏惧，人头就会落地。我从来不想从商，也不在乎有没有生意可做，所以我可以冒许多险，打破许多规矩，也因而拥有许多自由。

进入制衣业

有一年冬天，我去了苏格兰，在那里买了一件英式橄榄球短袖上衣，当时是60年代中期，男人的运动服饰通常是灰色的长袖运动衣和运动裤，不像现在的男人穿着五颜六色的运动服。我当时买的橄榄球短袖上衣，是蓝红黄条纹的，我觉得这件上衣很适合攀岩，因为有领子，可以防止装备割伤脖子，此外还是用真正坚韧的布料制成的。因此，我开始穿这件上衣攀岩，大家都跑来跟我说："哇，上衣真酷，你在哪里买的?"所以，我脑中的企业家电灯泡瞬间就亮了起来，我从英国进口了一些上衣，马上就卖光了，然后我又进口更多衣服，不久就开始制作短裤……而我就这样进入了制衣业。

有一天，我的朋友杜各·汤普金斯穿了一件拉绒羊毛衣，我看见了心想："哇，好酷，要是用合成布料做的话，就更适合户外穿了，这会是很棒的产品。"所以，我的妻子便南下到洛杉矶的凯尔马特，那里批发各式布料和合成羊毛。她找到了用来制作马桶坐垫套和盖套的人造皮草，样子真的很难看，不过我们还是用它做了一件外套，而且很成功，真的非常成功。冬天掉进河里，脱下外套，就能把水全部甩掉，然后再穿上，就可以救回一条命。我们逐渐改善产品，到了80年代中期，终于研发出真正好看的合成羊毛产品，这个兼顾了功能和外观的产品就是 Synchilla。

成长的陷阱

突然间，我们的业务扶摇直上，大家都想要买 Synchilla，所以我们就卖给大家。一年的业务量增长了 50%，我们不仅开发了许多批发客户，开设了零售店，还把产品目录寄给会员以及非会员。我们被困在成长的陷阱里，没有真正思考自己在做什么，业绩增长直向我们而来，我们也就接受了。1989 年，我们计划要让业务量增长继续达到 50%，于是雇用了 100 名新员工来提升业绩，也买了全部的存货。突然间发生经济衰退，我们只增长了 20%。20% 听起来并不坏，但我们是准备要冲上 50%，所以简直是一败涂地。同时，我们的贷款银行因财务问题，要收回款项，所以你可以想象得到，我们每年预计要增长 50%，却在一开始就出现了现金流问题。我急着要借款，会计师甚至还把我介绍给黑手党，他们竟然要收 28% 的利息，讽刺的是，黑手党收的利息跟现在信用卡的利息差不多。总之，那次真的是很重大的危机，公司差点就没了，而我也明白了公司不可持续的道理。

巴塔哥尼亚之旅

在这场危机中期，我带了公司十位骨干人员，前往南美洲的巴塔哥尼亚健步行走。我们会在荒野间走半小时左右，然后坐下来围成一圈讨论一些问题，比如："我们究竟在这里做什么？我们为什么会从商？"我们没有一个人想要从商，没有一个人拥有商学院的学历，但却都从商了，于是我们开始讨论自己的价值观。

一、力求品质第一

我们讨论的第一个价值观就是品质。我们能制作出世界上品质最佳的登山装备，真的感到很骄傲。我们不是世界第二或第三，而是世界第一。因此，服装品质若也拿到第一，对我们也很重要。我们真的很努力制作绝对第一的产品，也努力把工业设计的原则应用在服装的设计上。我们要做出真正实用且耐穿好看的衣服。当时我的设计师说："我们无法制出世界第一的衣服。"我问："为什么不行？"他说："世界第一的衣服是用意大利布料手工织成的，纽扣是手绣的，做成一件独一无二的亚曼尼上衣，造价要 300 美元。"我说："如果把这种上衣放进洗衣机里洗呢?”他说:“放进洗衣机里洗,会缩水。”我说:“那就不是好品质了。”我们自己就是公司的客户群,会把上衣丢进桶子或水槽里洗,或者在溪边洗,晾干,几小时后就穿上,然后登上飞机。因此,我们找出品质背后的真正含义。没有哪一本书说明过衣服的真正品质,我们得靠自己找出品质的标准。

二、浪来时就去冲浪

我们讨论的另一个价值观就是弹性时间。我在做登山装备时有个合作伙伴,他会离开四五个月,远赴喜马拉雅山脉的安娜普纳山区,而这段时间则由我负责经营业务。等他回来后,我就出发,从加州开车南下至南美洲北端,登山六个月,我的伙伴会在这段时间处理业务。因此,我的书名才会叫做《让员工去冲浪》。我们有一条公司规定是:“浪头来了,就去冲浪吧!”很简单,不是吗?但是,你知道吗?大多数人还是会请假,在下周二两点钟去冲浪。有的人会因为小孩生病而必须留在家里照顾,对冲浪和照顾小孩采取不同的态度。但如果你是个真正认真的冲浪者,那么确保你的工作和生活形态,让你在浪来时去冲浪。

三、工作时和家人在一起

我们想做的另一件事情就是模糊工作、娱乐、家庭之间的界限。我们想要继续制作自己会使用的东西，希望家人和我们在一起，不想每天失踪八个小时。因此，一开始，我们让妈妈把新生儿放在自己办公桌上的纸箱里，这个方法有一点成效，不过只持续一小段时间。我们的办公室全都是开间，人员之间沟通起来非常方便。不过，有一次，有位妈妈的婴儿很爱尖叫，这成了大问题。这位妈妈只好带着狂叫的婴儿，到外面自己的车子里坐着。我妻子说："我受够了，我们要设立托管中心。"我们是美国第一批在公司内部设立托管中心的公司之一，这不仅符合伦理，也是很好的事。我的员工有 80% 是女性，我不希望她们离开。据说要替换一名员工得花上 5 万美元的成本，所以最好别让优秀的员工离开。

四、和朋友一起工作

我们想要做的还有一件事情，就是继续雇用可以做朋友的员工。我的公司里没有人拥有 MBA 学位，他们只有人类学、生物学、社会学方面的学位，或者像我一样从约翰布罗斯职高汽车专业毕业的。我们从不雇用从商学院毕业的人，而是雇用充满热情和兴趣且愿意和我们一起去吃饭的人，而且从事过公司产品所包含的运动，然后我们再教他们怎么做生意。我们不清楚自己做生意的方法好不好，所以大家都是一起来摸索学习。与其雇用从商者，再要他们对划独木舟或登山之类的事情产生热情，倒不如雇用本身就对这些有热情的人，然后教他们怎么做生意。

我们希望生产出品质最佳的产品，希望和朋友一起工作，身边有朋友围绕。我们希望努力工作的同时，家人也在身边。在那趟巴塔哥尼亚之旅，我把大家讨论出的价值观写了下来，而这些价值观也逐渐成为我们做生意的态度。在回到公司后，我面临的是必须解雇 20% 的员工才能拯救公司。这些员工都是朋友，解雇他们是我最不忍心做的事情，我发誓再也不要经历这种情形了，也因此决定要真正努力成为更持续经营的企业。

达成共识

大约在同一时间，我开始真正关心地球环境恶化的问题。我们有一项使命就是要“制作品质最佳的产品”，后来我又添加了一句：“避免造成不必要的伤害。”我并没有说“避免造成伤害”，因为这么说很愚蠢，因为制作产品免不了会造成伤害。完美的持续性是不可能的，万物有始便有终，每一种资源都是有限的。不过，我们希望将伤害降至最低。

我也开始一次召集十五名员工，花五天讨论不同的商业态度。“我们要在零售业做什么？我们对零售业的态度是什么？我们对建筑的态度又是什么？”我的意思是，我们要进入郊区的大型购物中心，在 Sees 巧克力旁边开店吗？还是要在某处找些老旧的建筑翻新，让周边邻居都赏心悦目起来？我和公司里每一位员工讨论，让大家凝聚起来，往同一个方向前进。有一次，我请了心理学家对所有员工做研究调查，他对我说：“你知道吗，真的很奇怪，我一定要跟你说，我调查了你所有的员工，从来没见过这么独立的人。其实，像他们这样独立的人，别的公司是不会用的。”他的话在我的耳里犹如悦耳的音乐。当你带领的是独立的员工时，唯一能引领他们的方法就是达成共识，你必须说服他们相信自己是在做正当的事情，而这正是我与员工面谈的初衷。

可持续性经营

我一直认为，一个负责的农夫离开田地时，田地的状态应该要比当初他接手时还要好；有责任的林业管理员离开森林时，森林的状态应该要比当初更佳，而不是把树木一次全都砍了；负责的政府在做决策时，必须放眼社会未来，正如北美洲易洛魁族的印第安人所言，要放眼未来七代的人，不要只是做出短视近利的决策。然而，不知怎么回事，商业交易却都没有担当这类责任，却一味地要求公司尽可能快地增长，而上市公司执行官唯一的任务就是为股东赚取最大的利润。

我决定把自己的公司当做会存续一百年的事业来经营，所有的决策都是根据这个愿景来制定的。即使一年增长 10% 或 15%，二三十年后就会变成市值数兆美元的公司。当然了，这是不可能的事情，可是人们却都是以此作为努力的方向。我们让公司的增长率达到可持续的状态，之后公司也就会蓬勃发展。因为我不信任银行，所以公司不再背负债了。我们公司的增长是所谓的“自然增长”，我们不鼓励人为增长，比方说，在大都会区进行广告宣传，吸引人们把购买我们的衣服当做社会地位的象征，而不是真的打算要在户外活动时使用，这样并非可持续性经营。

其实我在事业开创之初出问题，就是因为我一开始就把夹克卖给想要购买但不太需要的人。因此，若为了想要购买却不太需要的人制作产品，就会任由经济状况的摆布，而我根本不喜欢这样。

我还学到了另外一点，只要把每一件事情都做对了，利润就会随之而来。因此，即使有几年公司只有 3% 的增长，还是有利润，因为公司是设定要赚取3%的利润增长。多数公司只要没有增长10%以上，就觉得没有利润，但其实这只是公司设定的利润多少罢了。如果你问我，去年公司的利润有多少，或者今年的利润会是多少，我没办法告诉你。无法回答你的一个原因就是我对利润的多少没有兴趣，我只知道流程很顺利的话，到了年底自然就会有利润。

公司宗旨与环保结合

我必须提到公司宗旨的最后一个部分，也就是我们公司对环境的态度。这部分是最难写的，基本上包含以下五大步骤：

一、过健康的生活

我确信人类对地球的伤害大多是不经意造成的，是因为人类的无知，以及问的问题不够多。丰田公司有一种管理法就是，当你有一个问题时，必须先用五种不同的方法问“为什么”。提出五种不同的问题，然后再开始想答案。可惜社会上大多数人都问得不够多，尤其政府是这样，所以才会一直在处理状况，而没有真正从根源上解决。比如说，在第二次世界大战以前，美国每三十或四十名妇女中有一名罹患乳癌，但现在每八名妇女就有一名罹患乳癌，问题不全都出在基因上。所有研究乳癌的机构都着重于疗法的研发，乳癌研究资金只有3%是用于找出乳癌的起因。今日人类使用的有毒化学物质高达30万种，任何一种化学物质或某几种化学物质的组合都可能是乳癌的起因，可是一般社会抱持的态度却是："反正我们无法清除这些有毒化学物质，那就研究疗法吧。"传统的观点都认为找乳癌的起因没钱可赚，而找疗法才有利可图。

要过健康的生活，例如想让家人吃健康的食物，就必须清楚食物的来源。不能想也不想就去超市买西红柿，因为那些西红柿可能来自仍使用滴滴涕杀虫剂的墨西哥。你必须知道农夫是谁，必须问一堆问题。制衣业者可能不清楚自己在做什么，只是打电话给布料供应商说："我要一万码这种颜色或图案的衬衫布料。"就只是这样而已。我们应该开始问："在所有的成衣布料中，哪些布料是毒性最强的？哪些是最无害的？"要找到问题的答案并不容易，但若深入挖掘，最后就会发现最有害的成衣布料其实是百分之百的纯棉。种植棉花的农地仅占全球的3%，但喷洒的杀虫剂却占了全球的25%。若以机械摘取棉花，必须先喷洒百草枯除草剂，而百草枯就是美国当初在越南洒下的药剂。这种化学物质渗入含水土层，也会被工人吸入肺部。在棉花种植区，罹患癌症的比率高出正常值的十倍。我曾经到美国加州中央谷参观棉花田，亲眼目睹令人惊愕不已的景象，那里毫无生机，犹如死亡区，没有野草、鸟类、昆虫，什么都没有，一片死寂。那里有好几个大水坑、大湖泊，里面的水充满化学物质气味。棉花种植园主必须雇人带着枪坐在户外折叠椅上，待水鸟降落到水面，他们就鸣枪吓走水鸟，因为鸟喝了那里的水，会生出两个鸟喙和三条腿的小鸟。

我从棉花田回来后便说："好，我们离开棉花业吧，我不要做那种生意。"这就好比说你是制造地雷的小公司，名列全美最佳公司，雇用员工，给他们工作，但制造的却是地雷。你去柬埔寨，突然看见你的产品所造成的后果。现在，你有两个选择，一是背着罪恶感继续制造地雷，二是关门大吉。

我给了公司18个月完全停止使用工业种植的棉花。幸好有另一个选择让我不用离开棉花业，那就是有机种植的棉花。然而，不光是打电话给布料供应商说："我订购的衬衫布料要改成有机布料。"事情没那么简单。我们必须跟轧棉厂、制造厂、纺织业者共同合作，找出无毒染料。这真的很困难，不过整个公司都动员了，而我们也终于学会制作有机成衣的方法。还有一点，购买棉质衬衫或裤子时，即使标示100%纯棉，也只有73%的棉。另外，在布料所使用的化学物质中，甲醛是最常见的，其用途是让棉布维持平整不缩水。把这类化学物质用在布料上，才能生产出较为实用的产品。可是，我们不打算在有机种植的棉花上加入化学物质，更不想加入有毒化学物质，因此我们必须学习从结构上着手解决，比方说使用纤维较长的棉花，运用较紧密的织法，预先缩水处理。由此可见，光是同一个问题，我们就必须重新学习一遍新的制衣方法。

二、洁净自身行为

要想在商界保持健康生活的原则，真的很痛苦，事情复杂的程度会增加，多数生意人既不想处理，也不想听。不过，在你弄清楚整个流程之后，就会知道自己在做什么，要采取什么行动，此时就来到第二步——洁净自身行为。无论你是商人还是一般人都没关系，禅学大师会说，如果想要改变政府，就不要把重心放在改变政府上，否则的话，是没有效用的。政府只是公司的人质，必须要去改变公司；而要改变公司，就必须先改变消费者。问题的根源是我们。我们不再是平民，而是消费者。消费者喂养公司，公司喂养政府，因此必须要改变的是我们。若能了解到自己就是关键，就是问题的一环，那么你就可以成为解决方法的一部分。

我最喜欢梭罗说的一句格言："需要新衣的任何企图，须严加注意。"你需要瑜伽裤才能做瑜伽吗？我觉得这样的想法很傻，我的态度是"减少消费，优化消费"。欧洲人的消费仅占美国人的 25%，但欧洲人买外套或裤子时，都会尽可能买质量上等的产品，然后好好保养，穿得久些。欧洲人不会购买产品不久后就丢弃，但美国人却处于“买了又丢，丢了又买”的困境里。因此，我做生意时也要抱持着同样的态度，我们公司会质疑每道程序、每样材料，并努力学习，付出行动。

三、尽己所能地去做

我们永远不可能成为完全持续的公司，也永远不可能生产出完全持续的产品，所以第三步就是尽我们能力所及。在这个时代，如果你善于言辞，一定得发言；如果你文笔很好，一定得写出来；如果你有爱心，一定要成为组织机构的志愿者。我们必须付出行动，光坐着什么也不做，自满自得，就会像希特勒统治下的诸多德国人那样失去灵性，所以我们全都必须付出行动。

我身为公司老板，雇用 1100 名员工，很明显自身觉得有责任利用自己的公司做好事。我们自掏腰包，把 1% 的营业额用于环境保护。之所以会用于环境保护，是因为我认为社会的每个问题几乎都可以回溯到环境问题上，无论是贫穷还是犯罪，都是因为疏远环境使然。

四、支持民主制度

第四步就是支持民主制度。在美国所有的强大力量中，诸如联邦政府、州政府、地方政府、宗教的力量等，力量最强大者当属社会力量。打开今年任何一天的报纸，就会发现我们所获得的益处，都是由社会运动促成的。翻开美国历史，看看波士顿倾茶事件，美国人都知道在这个事件中，一群社会运动人士把茶叶倒入波士顿港。至于美国南北战争，大家都以为是林肯解放了黑奴，其实南北战争之前就有个叫“地下铁道”的组织，鼓励黑奴逃离南方，而资助“地下铁道”的人是北方的慈善家。黑奴离开南方的人数之多，让南方的人都吓坏了，而林肯的动机只是想要让美国统一。看看美国公民权利的历史，制定公民权利法律的并不是美国政府，而是不想下公交车的中年黑人妇女罗莎·帕克斯，是不想上种族隔离学校的黑人小孩，这些人才是公民权利的制定者。至于越战，美国政府其实不愿撤出越南，是被社会运动逼得不得不这么做。大家都说罗斯福总统创立优胜美地国家公园，但真正的源头并不是他，而是约翰·穆尔。穆尔鼓励罗斯福抛开公务，同他去优胜美地露营，他们睡在红树林底下。这次野营之旅让罗斯福燃起热情，回家后便将优胜美地命名为国家公园，但真正的源头还是约翰·穆尔。美国女性的参政权也是如此。如果美国会从伊拉克撤兵，也是因为社会运动使然。因此，支持正义事业就是我们1%营业额的用途。

五、树立好的榜样

第五步就是影响其他公司，影响别人，光靠我们自己无法拯救世界，我们必须引领别人做正当的事；而要引领别人，自己就要先树立榜样，这是唯一之道。如果我的公司做的都是正当的事，可是没有利润可赚，那么商界人士根本不会尊敬我，他们会说："那个家伙是有能力经营公司的，可是没有利润可赚。"因此，我必须像一般企业那样赚得利润。我们公司不能成为假环保的组织机构，我们有人负责进行环境评估，提出问题，并与许多公司沟通交流，分享资讯。只要有一家公司找到制作产品的较佳方式，或比较无害的优良程序，就会把资讯与大家共享。

我做过最自豪的一件事，就是创立了"捐助 1% 给地球"组织，现在已有 224 家公司加入这个联盟，这些公司宣称捐出 1% 的营业额致力于环保，而捐助的对象则由各家公司自行决定。加入联盟只需要一点费用，联盟不负责把他们的钱捐出去，只负责检查他们是否确实捐款。加入联盟的都是很小的公司，当公司发展到中型规模时，资金的运用就会有些紧缩。美国的慈善捐款几乎都是个人捐款，只有 3% 是公司捐款。似乎人越富有，捐款的金额便越少。加入的会员有理发店、旅游公司、葡萄园，而其中最有名的人就是歌手杰克·约翰逊，他的

CD 背面就有“捐助 1% 给地球”的标志。许多人会想：“很好，巴塔哥尼亚公司捐了这些钱，那等我有了钱，也要开始捐一点。”不过，如果你是真正的企业家，就会懂得今天捐出了 10 美元比 10 年后捐出 100 美元的效用还要大多了，因为 10 美元能立即产生影响，经过日积月累就会变得越来越有价值。这个道理还请大家思考一下。

我们公司宗旨的最后一部分，就是借助商业激发解决环境危机的方法并予以实行。对我而言，解决环境危机就是我目前仍留在商界的主要原因。我以前从没想过要从商，但现在却成了商人。我想自己或许会在商界待很长时间，但我仍坚持从商的初衷——解决环境危机。